小窗幽记

外二种

闭门即是深山 读书随处净土

[明] 陈继儒 等著

北方联合出版传媒（集团）股份有限公司
万卷出版公司 VOLUMES PUBLISHING COMPANY

ⓒ 陈继儒等 2015

图书在版编目（CIP）数据

小窗幽记：外二种 /（明）陈继儒等著. 一沈阳：
万卷出版公司，2015.10
（明清小品丛书）
ISBN 978-7-5470-3557-3

Ⅰ.①小… Ⅱ.①陈… Ⅲ.①人生哲学—中国—明代
Ⅳ.①B825

中国版本图书馆CIP数据核字（2015）第023802号

出版发行：北方联合出版传媒（集团）股份有限公司
　　　　　万卷出版公司
　　　　　（地址：沈阳市和平区十一纬路29号 邮编：110003）
印　刷　者：辽宁星海彩色印刷有限公司
经　销　者：全国新华书店
幅面尺寸：125mm×185mm
字　　数：220千字
印　　张：7.75
出版时间：2015年10月第1版
印刷时间：2015年10月第1次印刷
策　　划：书灯文化
责任编辑：杨春光
装帧设计：张　莹
责任校对：杨　顺
ISBN 978-7-5470-3557-3
定　　价：20.80元

联系电话：024-23284090
邮购热线：024-23284050
传　　真：024-23244448
腾讯微博：http：//t.qq.com/wjcbgs
E－mail：vpc_tougao@163.com
网　　址：http：//www.chinavpc.com

目　录

小窗幽记

【明】陈继儒（仲醇）

序

　　太上立德，其次立言，言者心声，而人品学术恒由此见焉。无论词躁、词烦、词支，徒蹈尚口之戒，倘语大而夸，谈理而腐，亦岂可以为训乎？然则欲求传世行远，名山不朽，必贵有以居其要矣。眉公先生负一代盛名，立志高尚，著述等身，曾集《小窗幽记》以自娱，泄天地之秘笈，撷经史之菁华，语带烟霞，韵谐金石，醒世持世，一字不落差筌。挥麈风生，直夺清谈之席；解颐语妙，常发斑管之花。所谓端庄杂流漓，尔雅兼温文，有美斯臻，无奇不备。夫岂厄言无当，徒以资覆瓿之用乎？许昌崔维东博学好古，欲付剞劂，以公同好，问序于余，因不辞谫陋，特为之弁言简端。

　　乾隆三十五年岁次庚寅春月，昌平陈本敬仲思氏书于聚星书院之谢青堂。

卷一　集醒

食中山之酒，一醉千日（语出《搜神记》"狄希，中山人也，能造千日酒，饮之千日醉。"）。今世之昏昏逐逐，无一日不醉，无一人不醉，趋名者醉于朝，趋利者醉于野，豪者醉于声色车马，而天下竟为昏迷不醒之天下矣，安得一服清凉散，人人解醒，集醒第一。

倚才高而玩世，背后须防射影之虫；饰厚貌以欺人，面前恐有照胆之镜（《西京杂记》载秦宫有方镜，人有邪心，照之见胆张心动）。怪小人之颠倒豪杰，不知惯颠倒方为小人；惜吾辈之受世折磨，不知惟折磨乃见吾辈。

花繁柳密处拨得开，才是手段；风狂雨急时立得定，方见脚根。澹泊（清静寡欲，不追名逐利）之守，须从秾艳场中试来；镇定之操，还向纷纭境上勘过。

市恩不如报德之为厚，要誉不如逃名之为适，矫情不如直节之为真。使人有面前之誉，不若使人无背后之毁；使人有乍交之欢，不若使人无久处之厌。攻人之恶毋太严，要思其堪受；教人以善莫过高，当原其可从。

不近人情，举世皆畏途；不察物情，一生俱梦境。遇嘿嘿（默默）不语之士，切莫输心；见悻悻自好之徒，应须防口。结缨整冠之态，勿以施之焦头烂额之时；绳趋尺步之规，勿以用之救死扶伤之日。议事者身在事外，宜悉利害之情；任事者身居事中，当忘利害之虑。

俭，美德也，过则为悭吝，为鄙啬，反伤雅道；让，懿行也，过则为足恭（过分谦虚，语出《论语·公冶长》："巧言、令色、足恭，左丘明耻之，丘亦耻之。"），为曲谨，多出机心。藏巧于拙，用晦而明，寓清于浊，以屈为伸。

彼无望德，此无示恩，穷交所以能长；望不胜奢，欲不胜餍，利交所以必忤。怨因德彰，故使人德我，不若德怨之两忘；仇因恩立，故使人知恩，不若恩仇之俱泯。天薄我福，吾厚吾德以迓之；天劳我形，吾逸吾心以补之；天厄我遇，吾亨吾道以通之。

澹泊之士，必为秾艳者所疑；检饰之人，必为放肆者所忌。事穷势蹙之人，当原其初心；功成行满之士，要观其末路。好丑心太明，则物不契；贤愚心太明，则人不亲。须是内精明，而外浑厚，使好丑两得其平，贤愚共受其益，才是生成的德量。

好辩以招尤，不若讱默（语言谨慎）以怡性；广交以延誉，不若索居以自全；厚费以多营，不若省事以守俭；逞能以受妒，不若韬精以示拙。费千金而结纳贤豪，孰若倾半瓢之粟以济饥饿；构千楹而招徕宾客，孰若葺数椽之茅以庇孤寒。

恩不论多寡，当厄的壶浆（语出《左传·宣公二年》：晋灵辄饿于翳桑，赵盾见而赐以饮食。后灵辄为晋灵公甲士，灵公欲杀赵盾，灵辄倒戈相卫，赵盾得脱。），得死力之

酬；怨不在浅深，伤心的杯羹，（语出《左传·宣公四年》
"楚人献鼋于郑灵公，公子宋与子家将见，子公之食指动，以
示子家曰'他日我如此，必尝异味。'及入，宰夫将解鼋，相
视而笑。公问之，子家以告。及食大夫鼋，召子公而弗与也。
子公怒，染指于鼎，尝之而出，公怒，欲杀子公。子公遂与子
家谋先。……弑灵公。"）召亡国之祸。

　　仕途虽赫奕，常思林下的风味，则权势之念自轻；
世途虽纷华，常思泉下的光景，则利欲之心自淡。居盈
满者，如水之将溢未溢，切忌再加一滴；处危急者，如
木之将折未折，切忌再加一搦。了心自了事，犹根拔而
草不生；逃世不逃名，似膻存而蚋还集。

　　情最难久，故多情人必至寡情；性自有常，故任性
人终不失性。才子安心草舍者，足登玉堂；佳人适意蓬
门者，堪贮金屋。喜传语者，不可与语。好议事者，不
可图事。甘人之语，多不论其是非；激人之语，多不顾
其利害。

真廉无廉名，立名者，正所以为贪；大巧无巧术，用术者，乃所以为拙。为恶而畏人知，恶中犹有善念；为善而急人不知，善处即是恶根。谈山林之乐者，未必真得山林之趣；厌名利之谈者，未必尽忘名利之情。

从冷视热，然后知热处之奔驰无益；从冗入闲，然后觉闲中之滋味最长。贫士肯济人，才是性天中惠泽；闹场能笃学，方为心地上工夫。伏久者，飞必高；开先者，谢独早。贪得者，身富而心贫；知足者，身贫而心富；居高者，形逸而神劳；处下者，形劳而神逸。

局量宽大，即住三家村（指人烟稀少的村落）里，光景不拘；智识卑微，纵居五都市中，神情亦促。惜寸阴者，乃有凌铄千古之志；怜微才者，乃有驰驱豪杰之心。天欲祸人，必先以微福骄之，要看他会受；天欲福人，必先以微祸儆之，要看他会救。

书画受俗子品题，三生浩劫；鼎彝与市人赏鉴，千古奇冤。脱颖之才，处囊而后见；绝尘之足，历块以方知。结想奢华，则所见转多冷淡；实心清素，则所涉都厌尘氛。

多情者，不可与定妍媸（美与丑）；多谊者，不可与定取与。多气者，不可与定雌雄；多兴者，不可与定去住。世人破绽处，多从周旋处见；指摘处，多从爱护处见；艰难处，多从贪恋处见。

凡情留不尽之意，则味深；凡兴留不尽之意，则趣多。待富贵人，不难有礼，而难有体；待贫贱人，不难有恩，而难有礼。山栖是胜事，稍一萦恋，则亦市朝；书画赏鉴是雅事，稍一贪痴，则亦商贾；诗酒是乐事，稍一徇人，则亦地狱；好客是豁达事，稍一为俗子所挠，则亦苦海。

多读两句书，少说一句话，读得两行书，说得几句话。看中人，在大处不走作，看豪杰，在小处不渗漏。留七分正经，以度生；留三分痴呆，以防死。轻财足以聚人，律己足以服人，量宽足以得人，身先足以率人。

从极迷处识迷，则到处醒；将难放怀一放，则万境宽。大事难事，看担当；逆境顺境，看襟度；临喜临怒，看涵养，群行群止，看识见。安详是处事第一法，谦退是保身第一法，涵容是处人第一法，洒脱是养心第一法。

处事最当熟思缓处。熟思则得其情，缓处则得其当。必能忍人不能忍之触忤，斯能为人不能为之事功。轻与必滥取，易信必易疑。积丘山之善，尚未为君子；贪丝毫之利，便陷于小人。

智者不与命斗，不与法斗，不与理斗，不与势斗。良心在夜气清明之候，真情在簟食豆羹之间。故以我索人，不如使人自反；以我攻人，不如使人自露。侠之一字，昔以之加意气，今以之加挥霍，只在气魄气骨之分。

不耕而食，不织而衣，摇唇鼓舌，妄生是非，故知无事之人好为生事。才人经世，能人取世，晓人逢世，名人垂世，高人出世，达人玩世。宁为随世之庸愚，无为欺世之豪杰。

沾泥带水之累，病根在一恋字；随方逐圆之妙，便宜在一耐字。天下无不好谀之人，故谄之术不穷；世间尽是善毁之辈，故谗之路难塞。进善言，受善言，如两来船，则相接耳。

清福上帝所吝，而习忙可以销福；清名上帝所忌，而得谤可以销名。造谤者甚忙，受谤者甚闲。蒲柳之姿（语见《世说新语·言语》"顾悦与简文帝同年而发蚤白，简文曰：卿何以先白？对曰：蒲柳之姿，望秋而落；松柏之质，经霜弥茂。"），望秋而零；松柏之质，经霜弥茂。

人之嗜名节，嗜文章，嗜游侠，如好酒然。易动客气（人性中本身的缺陷，偏执之气），当以德性消之。好谈闺阃（妇女居住的地方，引申为女人），及好讥讽者，必为鬼神所怒，非有奇祸，则必有奇穷。

神人之言微，圣人之言简，贤人之言明，众人之言多，小人之言妄。士君子不能陶镕（培育，造就）人，毕竟学问中工力未透。有一言而伤天地之和，一事而折终身之福者，切须检点。能受善言，如市人求利，寸积铢累，自成富翁。

金帛多，只是博得垂死时子孙眼泪少，不知其他，知有争而已；金帛少，只是博得垂死时子孙眼泪多，亦不知其他，知有哀而已。景不和，无以破昏蒙之气；地不和，无以壮光华之会。

一念之善，吉神随之；一念之恶，厉鬼随之。知此可以役使鬼神。出一个丧元气进士，不若出一个积阴德平民。眉睫才交，梦里便不能张主；眼光落地，泉下又安得分明。

佛只是个了，仙也是个了，圣人了了不知了。不知了了是了了，若知了了便不了。

万事不如杯在手，一年几见月当空。忧疑杯底弓蛇，双眉且展；得失梦中蕉鹿（语出《列子·周穆王》"郑人有薪于野者，遇骇鹿，御而击之，毙之。恐人见之也，遽而藏匿诸隍中，覆之以蕉，不胜其喜。俄而遗其所藏之处，遂以为梦焉。"），两脚空忙。名茶美酒，自有真味。好事者投香物佐之，反以为佳，此与高人韵士，误堕尘网中何异。

花棚石磴，小坐微醺。歌欲独，尤欲细；茗欲频，尤欲苦。善默即是能语，用晦即是处明，混俗即是藏身，安心即是适境。虽无泉石膏肓（语出《新唐书·隐逸传》：田游岩隐箕山，高宗往问："先生比佳否？"答曰："臣所谓泉石膏肓，烟霞痼疾者。"），烟霞痼疾，要识山中宰相（语出《南史·陶弘景传》：陶隐居不仕，国有大事，辄就咨询，时人称为山中宰相），天际真人。

气收自觉怒平，神敛自觉言简，容人自觉味和，守静自觉天宁。处事不可不斩截，存心不可不宽舒，待己不可不严明，与人不可不和气。居不必无恶邻，会不必无损友，惟在自持者两得之。

要知自家是君子小人，只须五更头检点思想的是甚么便得。以理听言，则中有主；以道窒欲，则心自清。先淡后浓，先疏后亲，先远后近，交友道也。苦恼世上，意气须温；嗜欲场中，肝肠欲冷。

形骸非亲，何况形骸外之长物；大地亦幻，何况大地内之微尘。人当溷扰（混乱、纷扰），则心中之境界何堪；人遇清宁，则眼前之气象自别。寂而常惺，寂寂之境不扰；惺而常寂，惺惺之念不驰。

童子智少，愈少而愈完；成人智多，愈多而愈散。无事便思有闲杂念头否，有事便思有粗浮意气否；得意便思有骄矜辞色否，失意便思有怨望情怀否。时时检点得到，从多入少。从有入无，才是学问的真消息。

笔之用以月计，墨之用以岁计，砚之用以世计。笔最锐，墨次之，砚钝者也。岂非钝者寿，而锐者夭耶？笔最动，墨次之，砚静者也。岂非静者寿而动者夭乎？于是得养生焉。以钝为体，以静为用，唯其然是以能永年。

　　贫贱之人，一无所有，及临命终时，脱一厌字；富贵之人，无所不有，及临命终时，带一恋字。脱一厌字，如释重负；带一恋字，如担枷锁。透得名利关，方是小休歇；透得生死关，方是大休歇。

　　人欲求道，须于功名上闹一闹方心死，此是真实语。病至，然后知无病之快；事来，然后知无事之乐。故御病不如却病，完事不如省事。讳贫者，死于贫，胜心使之也；讳病者，死于病，畏心蔽之也；讳愚者，死于愚，痴心覆之也。

　　古之人，如陈玉石于市肆，瑕瑜不掩；今之人，如货古玩于时贾，真伪难知。士大夫损德处，多由立名心太急。多躁者，必无沉潜之识；多畏者，必无卓越之见；多欲者，必无慷慨之节；多言者，必无笃实之心；多勇者，必无文学之雅。

　　剖去胸中荆棘（语出孟郊《择友》："虽笑未必和，虽哭未必戚。面结口头交，肚里生荆棘。"），以便人我往来，是天下第一快活世界。古来大圣大贤，寸针相对；世上闲语，一笔勾销。挥洒以怡情，与其应酬，何如兀坐；书礼以达情，与其工巧，何若直陈；棋局以适情，与其竞胜，何若促膝；笑谈以怡情，与其谑浪，何若狂歌。

拙之一字，免了无千罪过；闲之一字，讨了无万便宜。斑竹半帘（又称湘妃竹，相传为舜葬于苍梧后，娥皇、女英思帝不已，泪下沾竹，竹悉成斑），惟我道心清似水；黄粱一梦，任他世事冷如冰。欲住世出世，须知机息机。书画为柔翰，故开卷张册，贵于从容；文酒为欢场，故对酒论文，忌于寂寞。

荣利造化，特以戏人，一毫着意，便属桎梏。士人不当以世事分读书，当以读书通世事。天下之事，利害常相半；有全利，而无小害者，惟书。意在笔先，向庖羲（伏羲，传其首绘八卦）细参易画；慧生牙后，恍颜氏（颜回）冷坐书斋。

明识红楼为无冢之丘垄，迷来认作舍生岩；真知舞衣为暗动之兵戈，快去暂同试剑石。调性之法，须当似养花天；居才之法，切莫如妒花雨。事忌脱空，人怕落套。烟云堆里，浪荡子逐日称仙；歌舞丛中，淫欲身几时得度。

山穷鸟道，纵藏花谷少流莺；路曲羊肠，虽覆柳荫难放马。能于热地思冷，则一世不受凄凉；能于淡处求浓，则终身不落枯槁。会心之语，当以不解解之；无稽之言，是在不听听耳。

佳思忽来，书能下酒（苏舜钦读《汉书》，常大杯大杯喝酒，他丈人听说，笑道："有如此下酒物，一斗诚不为多。"）；侠情一往，云可赠人。蔼然可亲，乃自溢之冲和，妆不出温柔软款；翘然难下，乃生成之倨傲，假不得逊顺从容。

风流得意，则才鬼独胜顽仙；孽债为烦，则芳魂毒于虐祟。极难处是书生落魄，最可怜是浪子白头。世路如冥,青天障蚩尤之雾;人情如梦,白日蔽巫女之云。密交定有夙缘,非以鸡犬盟也;中断知其缘尽,宁关萋菲(谗毁之意)间之。

堤防不筑,尚难支移壑之虞;操存不严,岂能塞横流之性。发端无绪,归结还自支离;入门一差,进步终成恍惚。打诨随时之妙法,休嫌终日昏昏;精明当事之祸机,却恨一生了了。藏不得是拙,露不得是丑。

形同隽石,致胜冷云,决非凡士;语学娇莺,态摹媚柳,定是弄臣。开口辄生雌黄月旦之言,吾恐微言将绝;捉笔便惊缤纷绮丽之饰,当是妙处不传。风波肆险,以虚舟震撼,浪静风恬;矛盾相残,以柔指解分,兵销戈倒。

豪杰向简淡中求,神仙从忠孝上起。人不得道,生死老病四字关,谁能透过;独美人名将,老病之状,尤为可怜。日月如惊丸,可谓浮生矣,惟静卧是小延年;人事如飞尘,可谓劳攘矣,惟静坐是小自在。

平生不作皱眉事，天下应无切齿人。暗室之一灯，苦海之三老（古称上寿、中寿、下寿）；截疑网之宝剑，抉盲眼之金针。攻取之情化，鱼鸟亦来相亲；悖戾之气销，世途不见可畏。吉人安祥，即梦寐神魂，无非和气；凶人狠戾，即声音笑语，浑是杀机。

天下无难处之事，只要两个如之何（《史记·项羽本纪》载，秦末大乱，项羽和刘邦约定，谁先攻破咸阳，即在那里称王。沛公间道以往，先项羽而入。项羽闻之大怒，发兵来攻，情势危急，刘邦问计于张良，先曰"为之奈何"，再曰"且为之奈何"。张良遂代其请项伯从中安排，脱险鸿门宴，转危为安）；天下无难处之人，只要三个必自反。能脱俗便是奇，不合污便是清。处巧若拙，处明若晦，处动若静。

参玄借以见性，谈道借以修真。世人皆醒时作浊事，安得睡时有清身；若欲睡时得清身，须于醒时有清意。好读书非求身后之名，但异见异闻，心之所愿。是以孜孜搜讨，欲罢不能，岂为声名劳七尺也？

一间屋，六尺地，虽没庄严，却也精致；蒲作团，衣作被，日里可坐，夜间可睡；灯一盏，香一炷，石磬数声，木鱼几击；龛常关，门常闭，好人放来，恶人回避；发不除，荤不忌，道人心肠，儒者服制；不贪名，不图利，了清静缘，作解脱计；无挂碍，无拘系，闲便入来，忙便出去；省闲非，省闲气，也不游方，也不避世；在家出家，在世出世，佛何人，佛何处？此即上乘，此即三昧。日复日，岁复岁，毕我这生，任他后裔。

草色花香，游人赏其真趣；桃开梅谢，达士悟其无常。招客留宾，为欢可喜，未断尘世之扳援；浇花种树，嗜好虽清，亦是道人之魔障。人常想病时，则尘心便灭；人常想死时，则道念自生。入道场而随喜，则修行之念勃兴；登丘墓而徘徊，则名利之心顿尽。

铄金玷玉，从来不乏乎谗人；洗垢索瘢，尤好求多于佳士。止作秋风过耳，何妨尺雾障天。真放肆不在饮酒高歌，假矜持偏于大庭卖弄；看明世事透，自然不重功名；认得当下真，是以常寻乐地。

富贵功名、荣枯得丧，人间惊见白头；风花雪月、诗酒琴书，世外喜逢青眼。欲不除，似蛾扑灯，焚身乃止；贪无了，如猩嗜酒，鞭血方休。涉江湖者，然后知波涛之汹涌；登山岳者，然后知蹊径之崎岖。

人生待足，何时足；未老得闲，始是闲。谈空反被空迷，耽静多为静缚。旧无陶令酒巾，新撇张颠书草；何妨与世昏昏，只问君心了了。以书史为园林，以歌咏为鼓吹，以理义为膏粱，以著述为文绣，以诵读为菑畲（耕稼，喻事物之根本），以记问为居积（囤积），以前言往行为师友，以忠信笃敬为修持，以作善降祥为因果，以乐天知命为西方。

云烟影里见真身，始悟形骸为桎梏；禽鸟声中闻自性，方知情识是戈矛。事理因人言而悟者，有悟还有迷，总不如自悟之了了；意兴从外境而得者，有得还有失，总不如自得之休休。

白日欺人，难逃清夜之愧赧；红颜失志，空遗皓首之悲伤。定云止水中，有鸢飞鱼跃的景象；风狂雨骤处，有波恬浪静的风光。平地坦途，车岂无蹶；巨浪洪涛，舟亦可渡；料无事必有事，恐有事必无事。

富贵之家，常有穷亲戚来往，便是忠厚。朝市山林俱有事，今人忙处古人闲。人生有书可读，有暇得读，有资能读，又涵养之，如不识字人，是谓善读书者。享世间清福，未有过于此也。

世上人事无穷，越干越做不了，我辈光阴有限，越闲越见清高。两刃相迎俱伤，两强相敌俱败。我不害人，人不我害；人之害我，由我害人。商贾不可与言义，彼溺于利；农工不可与言学，彼偏于业；俗儒不可与言道，彼谬于词。

博览广识见，寡交少是非。明霞可爱，瞬眼而辄空；流水堪听，过耳而不恋。人能以明霞视美色，则业障自轻；人能以流水听弦歌，则性灵何害。休怨我不如人，不如我者常众；休夸我能胜人，胜如我者更多。

人心好胜，我以胜应必败；人情好谦，我以谦处反胜。人言天不禁人富贵，而禁人清闲，人自不闲耳。若能随遇而安，不图将来，不追既往，不蔽目前，何不清闲之有。暗室贞邪谁见，忽而万口喧传；自心善恶炯然，凛于四王考校。

寒山诗云："有人来骂我，分明了了知，虽然不应对，却是得便宜。"此言宜深玩味。恩爱吾之仇也，富贵身之累也。冯驩（孟尝君的门客，初不受重用，弹剑而歌："长铗归来乎，食无鱼。"后为孟尝君收债于薛地，尽毁借据，待孟尝君被废归薛，民感恩迎之，一生高枕无忧）之铗弹老无鱼；荆轲之筑击来有泪。

以患难心居安乐，以贫贱心居富贵，则无往不泰矣；以渊谷视康庄，以疾病视强健，则无往不安矣。有誉于前，不若无毁于后；有乐于身，不若无忧于心。富时不俭贫时悔，闲时不学用时悔，醉后狂言醒时悔，安不将息病时悔。

寒灰内，半星之活火；浊流中，一线之清泉。攻玉于石，石尽而玉出；淘金于沙，沙尽而金露。乍交不可倾倒，倾倒则交不终；久与不可隐匿，隐匿则心必险。丹之所藏者赤，墨之所藏者黑。

懒可卧，不可风；静可坐，不可思；闷可对，不可独；劳可酒，不可食；醉可睡，不可淫。书生薄命原同妾，丞相怜才不论官。少年灵慧，知抱凤根；今生冥顽，可卜来世。拨开世上尘气，胸中自无火炎冰兢；消却心中鄙吝，眼前时有月到风来。

尘缘割断，烦恼从何处安身；世虑潜消，清虚向此中立脚。市争利，朝争名，盖棺日何物可殉篝里；春赏花，秋赏月，荷锸（《晋书·刘伶传》载，刘伶常乘鹿车，携一壶酒，使人荷锸而随之，谓曰："死便埋我！"）时此身常醉蓬莱。

驷马难追，吾欲三缄其口；隙驹易过，人当寸惜乎阴。万分廉洁，止是小善；一点贪污，便为大恶。炫奇之疾，医以平易；英发之疾，医以深沉；阔大之疾，医以充实。才舒放即当收敛，才言语便思简默。

贫不足羞，可羞是贫而无志；贱不足恶，可恶是贱而无能；老不足叹，可叹是老而虚生；死不足悲，可悲是死而无补。身要庄重，意要闲定；色要温雅，气要和平；语要简徐，心要光明；量要阔大，志要果毅；机要缜密，事要妥当。

富贵家宜学宽，聪明人宜学厚。休委罪于气化，一切责之人事；休过望于世间，一切求之我身。世人白昼寐语，苟能寐中作白昼语，可谓常惺惺矣。观世态之极幻，则浮云转有常情；咀世味之皆空，则流水翻多浓旨。

大凡聪明之人，极是误事。何以故？惟聪明生意见，意见一生，便不忍舍割。往往溺于爱河欲海者，皆极聪明之人。是非不到钓鱼处，荣辱常随骑马人。名心未化，对妻孥亦自矜庄；隐衷释然，即梦寐皆成清楚。

观苏季子（苏秦）以贫穷得志，则负郭二顷田，误人实多；观苏季子以功名杀身，则武安六国印，害人亦不浅。名利场中，难容伶俐；生死路上，正要糊涂。一杯酒留万世名，不如生前一杯酒，自身行乐耳，遑恤其他；百年人做千年调，至今谁是百年人，一棺戢身，万事都已。

郊野非葬人之处，楼台是为丘墓；边塞非杀人之场，歌舞是为刀兵。试观罗绮纷纷，何异旌旗密密；听管弦冗冗，何异松柏萧萧。葬王侯之骨，能消几处楼台；落壮士之头，经得几番歌舞。达者统为一观，愚人指为两地。

节义傲青云，文章高白雪。若不以德性陶镕之，终为血气之私，技能之末。我有功于人，不可念，而过则不可不念；人有恩于我，不可忘，而怨则不可不忘。径路窄处，留一步与人行；滋味浓时，减三分让人嗜。此是涉世一极安乐法。

己情不可纵，当用逆之法制之，其道在一忍字；人情不可拂，当用顺之法调之，其道在一恕字。昨日之非不可留，留之则根烬复萌，而尘情终累乎理趣；今日之是不可执，执之则渣滓未化，而理趣反转为欲根。文章不疗山水癖，身心每被野云羁。

卷二　集情

　　语云，当为情死，不当为情怨。明乎情者，原可死而不可怨者也。虽然，既云情矣，此身已为情有，又何忍死耶？然不死终不透彻耳。韩翊之柳，崔护之花，汉宫之流叶，蜀女之飘梧，令后世有情之人咨嗟想慕，托之语言，寄之歌咏；而奴无昆仑，客无黄衫，知己无押衙，同志无虞侯，则虽盟在海棠，终是陌路萧郎耳。集情第二。

　　家胜阳台，为欢非梦；人惭萧史，相偶成仙。轻扇初开，忻看笑靥；长眉始画，愁对离妆。广摄金屏，莫令愁拥；恒开锦幔，速望人归。镜台新去，应余落粉；熏炉未徒，定有余烟。泪滴芳衾，锦花长湿；愁随玉轸，琴鹤恒惊。锦水丹鳞，素书稀远；玉山青鸟，仙使难通。彩笔试操，香笺遂满；行云可托，梦想还劳。九重千日，讵想倡家；单枕一宵，便如浪子。当令照影双来，一鸾羞镜；勿使推窗独坐，嫦娥笑人。

几条杨柳，沾来多少啼痕；三叠阳关（古曲名，送别之意），唱彻古今离恨。世无花月美人，不愿生此世界。荀令君（《襄阳记》载荀彧衣带常有香气，所到之处，香气经日不散）至人家，坐处常三日香。

罄南山之竹，写意无穷；决东海之波，流情不尽；愁如云而长聚，泪若水以难干。弄绿绮之琴，焉得文君之听；濡彩毫之笔，难描京兆之眉；瞻云望月，无非凄怆之声；弄柳拈花，尽是销魂之处。

悲火常烧心曲，愁云频压眉尖。五更三四点，点点生愁；一日十二时，时时寄恨。燕约莺期，变作鸾悲凤泣；蜂媒蝶使，翻成绿惨红愁。花柳深藏淑女居，何殊弱水三千；雨云不入襄王梦，空忆十二巫山。

枕边梦去心亦去，醒后梦还心不还。万里关河，鸿雁来时悲信断；满腔愁绪，子规啼处忆人归。千叠云山千叠愁，一天明月一天恨。豆蔻不消心上恨，丁香空结雨中愁。月色悬空，皎皎明明，偏自照人孤寂；蛩声泣露，啾啾唧唧，都来助我愁思。

慈悲筏，济人出相思海；恩爱梯，接人下离恨天。费长房（东汉汝南人，曾为市掾。《后汉书·方术传》载，费长房尝从壶公学道，不成，持符而归。能医疗众病，鞭挞百鬼，又善变幻捉妖，能缩地，一日之间，人见其在千里之外），缩不尽相思地；女娲氏，补不完离恨天。

孤灯夜雨，空把青年误，楼外青山无数，隔不断新愁来路。黄叶无风自落，秋云不雨长阴。天若有情天亦老，摇摇幽恨难禁，惆怅旧欢如梦，觉来无处追寻。蛾眉未赎，谩劳桐叶寄相思；潮信难通（以海潮的涨落有信，比喻男女间发誓忠贞不渝），空向桃花寻往迹。

野花艳目，不必牡丹，村酒酣人，何须绿蚁（指代名酒）。琴罢辄举酒，酒罢辄吟诗，三友递相引，循环无已时。

阮籍（魏晋时期著名文人）邻家少妇有美色，当垆沽酒，籍尝诣饮，醉便卧其侧。隔帘闻堕钗声，而不动念者，此人不痴则慧，我幸在不痴不慧中。

桃叶题情，柳丝牵恨。胡天胡帝（《诗经·君子偕老》："胡然而天也，胡然而帝也。"此指美貌非常），登徒（取自宋玉《登徒子好色赋》，指代好色之徒）于焉怡目；为云为雨（宋玉《高唐赋》记楚怀王与巫山神女欢会之事），宋玉因而荡心。

轻泉刀（古钱币，泛指钱财）若土壤，居然翠袖之朱家（秦汉时期鲁国人，好结交豪士，藏匿亡命之徒，以任侠闻名），重然诺如丘山，不忝红妆之季布（秦汉时期楚国人，时人有"得黄金百两，不如得季布一诺"之说）。

蝴蝶长悬孤枕梦，凤凰不上断弦鸣。吴妖小玉（春秋时吴王夫差小女，因爱慕书生韩重，无法成亲，气绝身亡，后化作一缕青烟）飞作烟，越艳西施化为土。妙唱非关古，多情岂在腰。孤鸣翱翔以不去，浮云黯霭（密集的云）而荏苒。

楚王宫里（《墨子》载："昔者楚灵王好细腰，灵王之臣，皆以一饭为节，胁息然后带，扶墙然后起"），无不推其细腰；魏国（应为卫国）佳人，俱言讶其纤手。传鼓瑟于杨家，得吹箫于秦女。

春草碧色，春水绿波，送君南浦，伤如之何。玉树以珊瑚作枝，珠帘以玳瑁为押。东邻巧笑，来侍寝于更衣；西子微颦，将横陈于甲帐。骋纤腰于结风，奏新声于度曲，妆鸣蝉（蝉鬓装，古代妇女的一种发式）之薄鬓，照堕马（坠马髻，古时妇女发式一种）之垂鬟。

金星与婺女（又名须女，二十八星宿之一）争华，麝月共嫦娥竞爽。惊鸾冶袖，时飘韩椽之香（韩寿，为贾充司空掾。《晋书》载贾充宴客，其小女见韩悦之，后盗西域异香与之，贾充得知，便以女妻韩，成千古美谈）；飞燕长裾，宜结陈王（曹植）之佩。轻身无力，怯南阳之捣衣；生长深宫，笑扶风之织锦。

青牛帐里，余曲既终，朱鸟窗前，新妆已竟。山河绵邈，粉黛若新。椒华承彩，竟虚待月之帘；癸骨埋香，谁作双鸾之雾。蜀纸麝煤（代指精良的纸和墨）添笔媚，越瓯犀液发茶香，风飘乱点更筹转，拍送繁弦曲破长。

教移兰烬（燃尽的蜡烛）频羞影，自拭香汤更怕深，初似染花难抑按，终忧沃雪不胜任，岂知侍女帘帏外，赚取君王数饼金。静中楼阁深春雨，远处帘拢半夜灯。绿屏无睡秋分簟，红叶伤时月午楼。

但觉夜深花有露，不知人静月当楼，何郎烛暗谁能咏，韩寿香薰亦任偷。阆苑（仙人之境，此处代指闺房）有书多附鹤，女墙无树不栖鸾，星沉海底当窗见，雨过河源隔座看。风阶拾叶，山人茶灶劳薪；月径聚花，素士吟坛绮席。

当场笑语，尽如形骸外之好人；背地风波，谁是意气中之烈士。山翠扑帘，卷不起青葱一片，树阴流径，扫不开芳影几重。珠帘蔽月，翻窥窈窕之花；绮幔藏云，恐碍扶疏之柳。幽堂昼深，清风忽来好伴，虚窗夜朗，明月不减故人。

多恨赋花，风瓣乱侵笔墨，含情问柳，雨丝牵惹衣裾。亭前杨柳，送尽到处游人；山下蘼芜，知是何时归路。天涯浩渺，风飘四海之魂；尘土流离，灰染半生之劫。蝶憩香风，尚多芳梦；鸟沾红雨，不任娇啼。

幽情（南朝宋刘义庆《幽明录》载："武昌北山有望夫石，状若人立。古传云：昔有贞妇，其夫从役，远赴国难，携幼子饯送北山，立望夫而化为立石。"）化而石立，怨风结而冢青（汉元帝宫人昭君，遣入匈奴和亲，弱女行漠北，琵琶诉哀怨，死后其墓被称"青冢"），千古空闺之感，顿令薄幸惊魂。

一片秋山，能疗病容，半声春鸟，偏唤愁人。李太白酒圣，蔡文姬书仙，置之一时，绝妙佳偶。华堂今日绮筵开，谁唤分司御史来，忽发狂言惊满座，两行红粉一时回（唐杜牧为御史，驻洛阳，时李司徒宴客，以杜持宪，

小窗幽记

不敢邀至，后杜遣座客达意，李遂邀之。宴中杜独坐，问李云：闻有紫云者孰是？李指之。杜凝视良久，曰：名不虚传，宜以见惠！李俯而笑，诸伎亦破颜，杜又自饮三爵，朗吟此诗而起，旁如无人）。

缘之所寄，一往而深。故人恩重，来燕子于雕梁；逸士情深，托凫雏于春水。好梦难通，吹散巫山云气；仙缘未合（《韩诗外传》载："郑交甫将南适楚，遵波汉皋台下，乃遇二女，佩两珠，大如荆鸡之卵，与言曰：'愿请予之。'二女与交甫，交甫受而怀之。超然而去，十步循探之，即亡矣。回顾二女，亦即亡矣。"），空探游女珠光。

桃花水泛，晓妆宫里腻胭脂；杨柳风多，堕马结中摇翡翠。对妆则色殊，比兰则香越，泛明彩于宵波，飞澄华于晓月。纷弱叶而凝照，竞新藻而抽英。手巾还欲燥，愁眉即使开，逆想行人至，迎前含笑来。

逶迤洞房，半入宵梦，窈窕闲馆，方增客愁。悬媚子（古时女子的首饰）于搔头，拭钗梁于粉絮。临风弄

035

笛，栏杆上桂影一轮；扫雪烹茶，篱落边梅花数点。银烛轻弹，红妆笑倚，人堪惜，情更堪惜；困雨花心，垂阴柳耳，客堪怜，春亦堪怜。

肝胆谁怜，形影自为管鲍；唇齿相济，天涯孰是穷交。兴言及此，辄欲再广绝交之论（与友人断绝来往），重作署门之句（语出《史记·汲郑列传》："始翟公为廷尉，宾客阗门，及废，门外可设雀罗。翟公复为廷尉，宾客欲往，翟公乃大署其门曰：'一死一生，乃知交情。一贫一富，乃知交态。一贵一贱，交情乃见'"）。

燕市之醉泣（语出《史记·刺客列传》：荆轲"及高渐离饮于燕市，酒酣以往，高渐离击筑，荆轲和而歌于市中，相乐也，已而相泣，旁若无人者。"），楚帐之悲歌（指项羽被刘邦围于垓下，四面楚歌之事），歧路之涕零，穷途之恸哭（《魏氏春秋》载：阮籍常率意独驾，不由径路，车迹所穷，辄痛哭而返。"）。每一退念及此，虽在千载以后，亦感慨而兴嗟。

陌上繁华，两岸春风轻柳絮；闺中寂寞，一窗夜雨瘦梨花。芳草归迟，青骢（马名，代指夫婿）别易，多情成恋，薄命何嗟；要亦人各有心，非关女德善怨。山水花月之际，看美人更觉多韵。非美人借韵于山水花月也，山水花月直借美人生韵耳。

深花枝，浅花枝，深浅花枝相间时，花枝难似伊；巫山高，巫山低，暮雨潇潇郎不归，空房独守时。青蛾皓齿别吴倡，梅粉妆（在额头处画梅花，一种妆容）成半额黄；罗屏绣幔围寒玉，帐里吹笙学凤凰。

初弹如珠后如缕，一声两声落花雨，诉尽平生云水心，尽是春花秋月语。春娇满眼睡红绡，掠削云鬟旋妆束，飞上九天歌一声，二十五郎吹管逐。琵琶新曲，无待石崇（晋南皮人，生于青州。字季伦。历任散骑常侍、荆州刺史等职，奢靡无度）；箜篌杂引（有人生苦短，及时行乐之意），非因曹植。

休文（沈约，字休文，南朝宋武康人。历任宋齐梁三朝，

官至尚书令）腰瘦，羞惊罗带之频宽；贾女（贾充小女）
容销，懒照蛾眉之常锁。琉璃砚匣，终日随身；翡翠笔
床，无时离手。清文满箧，非惟芍药之花；新制连篇，
宁止葡萄之树。

西蜀豪客，托情穷于鲁殿（指王延寿做《鲁灵光殿
赋》）；东台甲馆，流咏止于洞箫。醉把杯酒，可以吞江
南吴越之清风；拂剑长啸，可以吸燕赵秦陇之劲气。林
花翻洒，乍飘飏于兰皋；山禽啭响，时弄声于乔木。

长将姊妹丛中避，多爱湖山僻处行。未知枕上曾逢
女，可认眉尖与画郎。蘋风未冷催鸳别，沉檀合子留双
结；千缕愁丝只数围，一片香痕才半节。那忍重看娃鬌
绿，终期一遇客衫黄。金钱赐侍儿，暗嘱教休话。

薄雾几层推月出，好山无数渡江来；轮将秋动虫先
觉，换得更深鸟越催。花飞帘外凭笺讯，雨到窗前滴梦
寒。櫹标远汉，昔时鲁氏之戈（《淮南子·览冥训》："鲁
阳公与韩构难，战酣日暮，援戈而挥之，日为之反三舍。"）；

帆影寒沙，此夜姜家之被（《后汉书·姜肱传》："姜肱，字伯淮，彭城广戚人也，家世名族。肱与二弟仲海、季江俱以孝行著闻。其友爱天至，常共卧起，及各娶妻，兄弟相恋，不能别寝，以系嗣当立，乃递往就室。"）。

填愁不满吴娃井，剪纸空题蜀女祠。良缘易合，红叶亦可为媒；知己难投，白璧未能获主。填平湘岸都栽竹，截住巫山不放云。鸭为怜香死，鸳因泥睡痴。红印山痕春色微，珊瑚枕上见花飞，烟鬟潦乱香云湿，疑向襄王梦里归。

零乱如珠为点妆，素辉乘月湿衣裳，只愁天酒倾如斗，醉却环姿傍玉床。有魂落红叶，无骨锁青鬟。书题蜀纸愁难浣，雨歇巴山话亦陈（唐李商隐《夜雨寄北》："君问归期未有期，巴山夜雨涨秋池。何当共剪西窗烛，却话巴山夜雨时。"）。

盈盈相隔愁追随，谁为解语来香帷。斜看两鬟垂，俨似行云嫁。欲与梅花斗宝妆，先开娇艳逼寒香，只愁冰骨藏珠屋，不似红衣待玉郎。从教弄酒春衫浣，别有风流上眼波。听风声以兴思（《世说新语·识鉴》："张季鹰辟齐王东曹掾，在洛，见秋风起，因思吴中菰菜羹、鲈鱼脍，曰：'人生贵得适意尔，何能羁宦数千里以要命爵？'遂命驾便归。"），闻鹤唳以动怀，企庄生之逍遥，慕尚子之清旷。

灯结细花成穗落，泪题愁字带痕红。无端饮却相思水，不信相思想杀人。渔舟唱晚，响穷彭蠡之滨（鄱阳湖，指隐居之地）；雁阵惊寒，声断衡阳之浦（音信断绝）。爽籁发而清风生，纤歌凝而白云遏（歌声高亢）。杏子轻纱初脱暖，梨花深院自多风（宋晏殊《无题》有句："梨花院落溶溶月，柳絮池塘淡淡风"）。

卷三　集峭

今天下皆妇人矣，封疆缩其地，而中庭之歌舞犹喧；战血枯其人，而满座之貂蝉自若。我辈书生，既无诛贼讨乱之柄，而一片报国之忧，惟于寸楮尺只字间见之；使天下之须眉而妇人者，亦耸然有起色。集峭第三。

忠孝吾家之宝，经史吾家之田。闲到白头真是拙，醉逢青眼（典出《晋书·阮籍传》，其母死，"及嵇喜来吊，籍作白眼，喜不怿而退。喜弟康闻之，乃赍酒挟琴造焉，籍大悦，乃见青眼。"）不知狂。

兴之所到，不妨呕出惊人，心故不然，也须随场作戏。放得俗人心下，方可为丈夫。放得丈夫心下，方名为仙佛。放得仙佛心下，方名为得道。吟诗劣于讲学，骂座恶于足恭。两而揆之，宁为薄行狂夫，不作厚颜君子。

观人题壁，便识文章。宁为真士夫，不为假道学。宁为兰摧玉折，不作萧敷艾荣。随口利牙，不顾天荒地老；翻肠倒肚，那管鬼哭神愁。身世浮名，余以梦蝶视之，断不受肉眼相看。达人撒手悬崖，俗子沉身苦海。

销骨口中，生出莲花九品，铄金舌上，容他鹦鹉千言。少言语以当贵，多著述以当富，载清名以当车，咀英华以当肉。竹外窥莺，树外窥山，峰外窥云，难道我有意无意；鹤来窥人，月来窥酒，雪来窥书，却看他有情无情。

体裁如何，出月隐山；情景如何，落日映屿；气魄如何，收露敛色；议论如何，回飙拂渚。有大通必有大塞，无奇遇必无奇穷。雾满杨溪，玄豹山间借日月；云飞翰苑，紫龙天外借风雷。

西山霁雪，东岳含烟；驾凤桥以高飞，登雁塔而远眺。一失脚为千古恨，再回头是百年人。居轩冕之中，不可无山林气味；处林泉之下，须常怀廊庙经纶。学者要有兢业的心思，又要有潇洒的趣味。

平民种德施惠，是无位之卿相；仕夫贪财好货，乃有爵的乞人。烦恼场空，身住清凉世界；营求念绝，心归自在乾坤。觑破兴衰究竟，人我得失冰消；阅尽寂寞繁华，豪杰心肠灰冷。

名衲谈禅，必执经升座，便减三分禅理。穷通之境未遭，主持之局已定；老病之势未催，生死之关先破。求之今世，谁堪语此？一纸八行，不过寒温之句；鱼腹雁足，空有往来之烦。是以嵇康不作，严光口传，豫章掷之水中，陈秦挂之壁上。

枝头秋叶，将落犹然恋树；檐前野鸟，除死方得离笼。人之处世，可怜如此。士人有百折不回之真心，才有万变不穷之妙用。立业建功，事事要从实地着脚；若少慕声闻，便成伪果。讲道修德，念念要从虚处立基；若稍计功效，便落尘情。

执拗者福轻，而圆融之人其禄必厚；操切者寿夭，而宽厚之士其年必长；故君子不言命，养性即所以立命；亦不言天，尽人自可以回天。

才智英敏者，宜以学问摄其躁；气节激昂者，当以德性融其偏。苍蝇附骥，捷则捷矣，难辞处后之羞；茑萝依松，高则高矣，未免仰攀之耻。所以君子宁以风霜自挟，毋为鱼鸟亲人。

伺察以为明者，常因明而生暗，故君子以恬养智；奋迅以求速者，多因速而致迟，故君子以动持轻。有面前之誉易，无背后之毁难；有乍交之欢易，无久处之厌难。宇宙内事，要担当，又要善摆脱。不担当，则无经世之事业，不摆脱，则无出世之襟期。

待人而留有余不尽之恩，可以维系无厌之人心；御事而留有余不尽之智，可以堤防不测之事变。无事如有事时堤防，可以弭意外之变；有事如无事时镇定，可以销局中之危。

爱是万缘之根，当知割舍；识是众欲之本，要力扫除。舌存，常见齿亡，刚强终不胜柔弱；户朽，未闻枢蠹，偏执岂及圆融。荣宠旁边辱等待，不必扬扬；困穷背后福跟随，何须戚戚。

看破有尽身躯，万境之尘缘自息；悟入无怀境界，一轮之心月独明。霜天闻鹤唳，雪夜听鸡鸣，得乾坤清绝之气；晴空看鸟飞，活水观鱼戏，识宇宙活泼之机。

斜阳树下，闲随老衲清谈；深雪堂中，戏与骚人白战（古人作诗，规定不得用某些常用的字，以角笔力，称白战）。山月江烟，铁笛数声，便成清赏；天风海涛，扁舟一叶，大是奇观。

秋风闭户，夜雨挑灯，卧读《离骚》泪下；霁日寻芳，春宵载酒，闲歌乐府神怡。云水中载酒，松篁里煎茶，岂必銮坡（翰林院别称）侍宴；山林下著书，花鸟间得句，何须凤沼（中书省的别称）挥毫。

人生不好古，象鼎牺樽变为瓦缶；世道不怜才，凤毛麟角化作灰尘。要做男子，须负刚肠，欲学古人，当坚苦志。风尘善病，伏枕处一片青山；岁月长吟，操觚（写作诗文）时千篇《白雪》（指代高雅）。

亲兄弟折箸（分家），璧合翻作瓜分；士大夫爱钱，书香化为铜臭。心为形役，尘世马牛；身被名牵，樊笼鸡鹜。懒见俗人，权辞托病；怕逢尘事，诡迹逃禅。人不通古今，襟裾马牛；士不晓廉耻，衣冠狗彘。

道院吹笙，松风裛裛；空门洗钵，花雨纷纷。囊无阿堵，岂便求人；盘有水晶，犹堪留客。种两顷附郭田，量晴校雨；寻几个知心友，弄月嘲风。着屐登山，翠微中独逢老衲；乘桴浮海，雪浪里群傍闲鸥。

才士不妨泛驾（语出《汉书·武帝纪》"夫泛驾之马，跅弛之士，亦在御之而已。"），辕下驹（畏缩不前之人）吾弗愿也；诤臣岂合模棱，殿上虎君无尤焉。荷钱榆荚，飞来都作青蚨；柔玉温香，观想可成白骨。

旅馆题蕉，一路留来魂梦谱；客途惊雁，半天寄落别离书。歌儿带烟霞之致，舞女具丘壑之资；生成世外风姿，不惯尘中物色。今古文章，只在苏东坡鼻端定优劣；一时人品，却从阮嗣宗（阮籍）眼内别雌黄。魑魅满前，笑著阮家无鬼论；炎嚣阅世，愁披刘氏《北风图》。气夺山川，色结烟霞。

诗思在灞凌桥上（《北梦琐言》记，相国郑綮善诗，人问："相国近有新诗否？"郑答："诗思在灞桥风雪中驴子上，此处何以得之？"），微吟处，林岫便已浩然；野趣在镜湖曲边，独往时，山川自相映发。

至音不合众听，故伯牙绝弦；至宝不同众好，故卞和泣玉。看文字，须如猛将用兵，直是鏖战一阵；亦如酷吏治狱，直是推勘到底，决不恕他。名山乏侣，不解壁上芒鞋；好景无诗，虚携囊中锦字（李商隐《李贺传》"恒从小奚奴，骑蹇驴，背一古破锦囊，遇有所得，即书投囊中"）。

辽水无极，雁山参云，闺中风暖，陌上草薰。秋露如珠，秋月如珪；明月白露，光阴往来；与子之别，思心徘徊。声应气求之夫，决不在于寻行数墨之士；风行水上之文，决不在于一字一句之奇。

借他人之酒杯，浇自己之块垒。春至不知湘水深，日暮忘却巴陵道。奇曲雅乐，所以禁淫也；锦绣黼黻，所以御暴也。缛则太过，是以檀卿刺郑声，周人伤北里（古曲名）。静若清夜之列宿，动若流彗之互奔。

振骏气以摆雷，飞雄光以倒电。停之如栖鹄，挥之如惊鸿，飘缨蕤（古时冠上饰物，后喻文人士大夫）于轩幌，发晖曜于群龙。始缘甍（屋脊）而冒栋，终开帘而入隙；初便娟于墀庑，末萦盈于帷席。

云气荫于丛薯，金精养于秋菊；落叶半床，狂花满屋。雨送添砚之水，竹供扫榻之风。血三年而藏碧（语出《庄子·外物》"故伍员流于江，苌弘死于蜀，藏其血，三年而化为碧。"），魂一变而成红。

举黄花而乘月艳，笼黛叶而卷云翘。垂纶帘外，疑钩势之重悬；透影窗中，若镜光之开照。叠轻蕊而矜暖，布重泥而讶湿；迹似连珠，形如聚粒。霄光分晓，出虚窦以双飞；微阴合暝，舞低檐而并入。

任他极有见识，看得假认不得真；随你极有聪明，卖得巧藏不得拙。伤心之事，即懦夫亦动怒发；快心之举，虽愁人亦开笑颜。论官府不如论帝王，以佐史臣之不逮；谈闺阃不如谈艳丽，以补风人之见遗。

是技皆可成名天下，唯无技之人最苦；片技即足自立天下，唯多技之人最劳。傲骨、侠骨、媚骨，即枯骨可致千金；冷语、隽语、韵语，即片语亦重九鼎。议生草莽无轻重，论到家庭无是非。

圣贤不白之衷，托之日月；天地不平之气，托之风雷。风流易荡，佯狂近颠。书载茂先三十乘（《晋书》载张华，字茂先，博闻强识，"雅爱书籍，身死之日，家无余财。尝徙居，载书三十乘。"），便可移家；囊无子美一文钱，尽堪结客。有作用者，器宇定是不凡；有受用者，才情决然不露。夫人有短，所以见长。

松枝自是幽人笔，竹叶常浮野客杯。且与少年饮美酒，往来射猎西山头。好山当户天呈画，古寺为邻僧报钟。瑶草与芳兰而并茂，苍松齐古柏以增龄。群鸿戏海，野鹤游天。

卷四　集灵

天下有一言之微，而千古如新，一字之义，而百世如见者，安可泯灭之？故风雷雨露，天之灵，山川名物，地之灵，语言文字，人之灵；毕三才之用，无非一灵以神其间，而又何可泯灭之？集灵第四。

投刺空劳，原非生计；曳裾自屈，岂是交游。事遇快意处当转，言遇快意处当住。俭为贤德，不可着意求贤；贫是美称，只是难居其美。志要高华，趣要淡泊。眼里无点灰尘，方可读书千卷；胸中没些渣滓，才能处世一番。

眉上几分愁，且去观棋酌酒；心中多少乐，只来种竹浇花。茅屋竹窗，贫中之趣，何须脚到李侯门（李膺，字元礼，汉桓帝时官至司隶校尉）；草帖画谱，闲里所需，直凭心游扬子宅（扬雄，字子云，西汉成都人，有才学）。

好香用以熏德，好纸用以垂世，好笔用以生花，好墨用以焕彩，好茶用以涤烦，好酒用以消忧。声色娱情，何若净几明窗，一坐息顷；利荣驰念，何若名山胜景，一登临时。

竹篱茅舍，石屋花轩，松柏群吟，藤萝翳景；流水绕户，飞泉挂檐；烟霞欲栖，林壑将暝。中处野叟山翁四五，予以闲身，作此中主人。坐沉红烛，看遍青山，消我情肠，任他冷眼。

问妇索酿，瓮有新刍；呼童煮茶，门临好客。花前解佩，湖上停桡，弄月放歌，采莲高醉；晴云微裛，渔笛沧浪，华句一垂，江山共峙。胸中有灵丹一粒，方能点化俗情，摆脱世故。

独坐丹房，萧然无事，烹茶一壶，烧香一炷，看达摩面壁图。垂帘少顷，不觉心净神清，气柔息定，懵懵然如混沌境界，意者揖达摩与之乘槎而见麻姑也。无端妖冶，终成泉下骷髅；有分功名，自是梦中蝴蝶。

累月独处，一室萧条；取云霞为伴侣，引青松为心知。或稚子老翁，闲中来过，浊酒一壶，蹲鸱一盂，相共开笑口，所谈浮生闲话，绝不及市朝。客去关门，了无报谢，如是毕余生足矣。

半坞白云耕不尽，一潭明月钓无痕。茅檐外，忽闻犬吠鸡鸣，恍似云中世界；竹窗下，唯有蝉吟鹊噪，方知静里乾坤。如今休去便休去，若觅了时无了时。若能行乐，即今便好快活。身上无病，心上无事，春鸟是笙歌，春花是粉黛。闲得一刻，即为一刻之乐，何必情欲乃为乐耶？

开眼便觉天地阔，挝鼓非狂（用祢衡击鼓骂曹典）；林卧不知寒暑，上床空算。惟俭可以助廉，惟恕可以成德。山泽未必有异士，异士未必在山泽。业净六根成慧眼，身无一物到茅庵。人生莫如闲，太闲反生恶业；人生莫如清，太清反类俗情。

不是一番寒彻骨，怎得梅花扑鼻香。念头稍缓时，便宜庄诵一遍。梦以昨日为前身，可以今夕为来世。读史要耐讹字，正如登山耐仄路，踏雪耐危桥，闲居耐俗汉，看花耐恶酒，此方得力。

世外交情，惟山而已。须有大观眼，济胜具，久住缘，方许与之莫逆。九山散樵迹，俗间徜徉自肆，遇佳山水处，盘礴（牢固）箕踞（两腿前伸席地而坐，无礼之态），四顾无人，则划然长啸，声振林木；有客造榻与语，对曰："余方游华胥，接羲皇，未暇理君语。"客之去留，萧然不以为意。

择池纳凉，不若先除热恼；执鞭求富，何如急遣穷愁。万壑疏风清，两耳闻世语，急须敲玉磬三声；九天凉月净，初心诵其经，胜似撞金钟百下。无事而忧，对景不乐，即自家亦不知是何缘故，这便是一座活地狱，更说甚么铜床铁柱，剑树刀山也。

烦恼之场，何种不有，以法眼照之，奚啻蝎蹈空花。上高山，入深林，穷回溪，幽泉怪石，无远不到；到则拂草而坐，倾壶而醉，醉则更相枕藉以卧，意亦甚适，梦亦同趣。闭门阅佛书，开门接佳客，出门寻山水：此人生三乐。

客散门扃，风微日落，碧月皎皎当空，花阴徐徐满地；近檐鸟宿，远寺钟鸣，茶铛初熟，酒瓮乍开；不成八韵新诗，毕竟一个俗气。不作风波于世上，自无冰炭到胸中。秋月当天，纤云都净，露坐空阔去处，清光冷浸，此身如在水晶宫里，令人心胆澄澈。

遗子黄金满箧，不如教子一经。凡醉各有所宜。醉花宜昼，袭其光也；醉雪宜夜，清其思也；醉得意宜唱，宣其和也；醉将离宜击钵，壮其神也；醉文人宜谨节奏，畏其侮也；醉俊人宜益觥盂加旗帜，助其怒也；醉楼宜暑，资其清也；醉水宜秋，泛其爽也。此皆审其宜，考其景，反此则失饮矣。

竹风一阵，飘飏茶灶疏烟；梅月半湾，掩映书窗残雪。厨冷分山翠，楼空入水烟。闲疏滞叶通邻水；拟典荒居作小山。聪明而修洁，上帝固录清虚；文墨而贪残，冥官不受词赋。破除烦恼，二更山寺木鱼声；见彻性灵，一点云堂（禅宗的寺院）优钵影。

兴来醉倒落花前，天地即为衾枕；机息坐忘磐石上，古今尽属蜉蝣。老树着花，更觉生机郁勃；秋禽弄舌，转令幽兴萧疏。完得心上之本来，方可言了心；尽得世间之常道，才堪论出世。

雪后寻梅，霜前访菊，雨际护兰，风外听竹；固野客之闲情，实文人之深趣。结一草堂，南洞庭月，北峨眉雪，东泰岱松，西潇湘竹；中具晋高僧支法，八尺沉香床。浴罢温泉，投床鼾睡，以此避暑，讵不乐也？

人有一字不识，而多诗意；一偈不参，而多禅意；一勺不濡，而多酒意；一石不晓，而多画意；淡宕故也。以看世人青白眼，转而看书，则圣贤之真见识；以议论人雌黄口，转而论史，则左狐（左丘明，春秋时鲁国史官；董狐，春秋时晋国史官）之真是非。

事到全美处，怨我者不能开指摘之端；行到至污处，爱我者不能施掩护之法。必出世者，方能入世，不则世缘易堕；必入世者，方能出世，不则空趣难持。调性之法，急则佩韦（皮绳），缓则佩弦（弓弦）；谐情之法，水则从舟，陆则从车。

才人之行多放，当以正敛之；正人之行多板，当以趣通之。人有不及，可以情恕；非义相干，可以理遣。佩此两言，足以游世。冬起欲迟，夏起欲早；春睡欲足，午睡欲少。无事当学白乐天之嗒然（沮丧的样子），有客宜仿李建勋之击磬。

郊居诛茅结屋，云霞栖梁栋之间，竹树在汀洲之外；与二三同调，望衡对宇，联接巷陌；风天雪夜，买酒相呼；此时觉曲生（酒）气味，十倍市饮。万事皆易满足，惟读书终身无尽；人何不以知足一念加之书。又云：读书如服药，药多力自行。

醉后辄作草书十数行，便觉酒气拂拂，从十指出也。书引藤为架，人将薜（也称女萝，植物名）作衣。从江干溪畔，箕踞石上，听水声浩浩潺潺，粼粼冷冷，恰似一部天然之乐韵，疑有湘灵在水中鼓瑟也。

鸿中叠石，未论高下，但有木阴水气，便自超绝。段由夫携瑟，就松风涧响之间，曰："三者皆自然之声，正合类聚。"高卧闲窗，绿阴清昼，天地何其寥廓也。少学琴书，偶爱清净，开卷有得，便欣然忘食；见树木交映，时鸟变声，亦复欢然有喜。常言五六月，卧北窗下，遇凉风暂至，自谓羲皇上人。

空山听雨，是人生如意事。听雨必于空山破寺中，寒雨围炉，可以烧败叶，烹鲜笋。鸟啼花落，欣然有会于心。遣小奴，挈癭樽（一种木制酒杯），酤白酒，釂（饮尽杯中之酒）一梨花瓷盏；急取诗卷，快读一过以咽之，萧然不知其在尘埃间也。

闭门即是深山，读书随处净土。千岩竞秀，万壑争流，草木蒙笼其上，若云兴霞蔚。从山阴道上行，山川自相映发，使人应接不暇；若秋冬之际，犹难为怀。欲见圣人气象，须于自己胸中洁净时观之。

执笔惟凭于手熟，为文每事于口占。箕踞于斑竹林中，徙倚于青矶石上；所有道笈梵书，或校雠四五字，或参讽一两章。茶不堪精，壶亦不燥，香不堪良，灰亦不死；短琴无曲而有弦，长讴无腔而有音。激气发于林樾，好风逆之水涯，若非羲皇以上，定亦嵇阮（嵇康、阮籍）之间。

闻人善则疑之，闻人恶则信之，此满腔杀机也。士君子尽心利济，使海内少他不得，则天亦自然少他不得，即此便是立命。读书不独变气质，且能养精神，盖理义收摄故也。周旋人事后，当诵一部清静经；吊丧问疾后，当念一通扯淡歌。

卧石不嫌于斜，立石不嫌于细，倚石不嫌于薄，盆石不嫌于巧，山石不嫌于拙。雨过生凉境，闲情适邻家。笛韵与晴云断雨逐，听之声声入肺肠。不惜费，必至于空乏而求人；不受享，无怪乎守财而遗诮。

园亭若无一段山林景况，只以壮丽相炫，便觉俗气扑人。餐霞吸露，聊驻红颜；弄月嘲风，闲销白日。

清之品有五：睹标致，发厌俗之心，见精洁，动出尘之想，名曰清兴；知蓄书史，能亲笔砚，布景物有趣，种花木有方，名曰清致；纸裹中窥钱，瓦瓶中藏粟，困顿于荒野，摈弃乎血属，名曰清苦；指幽僻之耽，夸以为高，好言动之异，标以为放，名曰清狂；博极今古，适情泉石，文韵带烟霞，行事绝尘俗，名曰清奇。

对棋不若观棋，观棋不若弹瑟，弹瑟不若听琴。古云："但识琴中趣，何劳弦上音。"斯言信然。弈秋往矣，伯牙往矣，千百世之下，止存遗谱，似不能尽有益于人。唯诗文字画，足为传世之珍，垂名不朽。总之身后名，不若生前酒耳。

君子虽不过信人，君子断不过疑人。人只把不如我者较量，则自知足。折胶（秋天）铄石（夏天），虽累变于岁时；热恼清凉，原只在于心境。所以佛国都无寒暑，仙都长似三春。鸟栖高枝，弹射难加；鱼潜深渊，网钓不及；士隐岩穴，祸患焉至。

于射而得揖让，于棋而得征诛；于忙而得伊周（伊尹和周公旦），于闲而得巢许（巢父和许由）；于醉而得瞿昙（佛陀），于病而得老庄，于饮食衣服、出作入息，而得孔子。前人云："昼短苦夜长，何不秉烛游？"不当草草看过。

优人代古人语，代古人笑，代古人愤，今文人为文似之。优人登台肖古人，下台还优人，今文人为文又似之。假令古人见今文人，当何如愤，何如笑，何如语？看书只要理路通透，不可拘泥旧说，更不可附会新说。

简傲不可谓高，谄谀不可谓谦，刻薄不可谓严明，阘茸（庸俗低劣）不可谓宽大。作诗能把眼前光景，胸中情趣，一笔写出，便是作者，不必说唐说宋。少年休笑老年颠，及到老时颠一般，只怕不到颠时老，老年何暇笑少年。

饥寒困苦福将至已，饱饫宴游祸将生焉。打透生死关，生来也罢，死来也罢；参破名利场，得了也好，失了也好。混迹尘中，高视物外；陶情杯酒，寄兴篇咏；藏名一时，尚友千古。

痴矣狂客，酷好宾朋；贤哉细君（妻子），无违夫子。醉人盈座，簪裾半尽；酒家食客满堂，瓶瓮不离米肆。灯烛荧荧，且耽夜酌；爨烟寂寂，安问晨炊。生来不解攒眉，老去弥堪鼓腹（自鸣得意的样子）。

皮囊速坏，神识常存，杀万命以养皮囊，罪卒归于神识。佛性无边，经书有限，穷万卷以求佛性，得不属于经书。人胜我无害，彼无蓄怨之心；我胜人非福，恐有不测之祸。书屋前，列曲槛栽花，凿方池浸月，引活水养鱼；小窗下，焚清香读书，设净几鼓琴，卷疏帘看鹤，登高楼饮酒。

人人爱睡，知其味者甚鲜；睡则双眼一合，百事俱忘，肢体皆适，尘劳尽消，即黄粱南柯，特余事已耳。静修诗云："书外论交睡最贤。"旨哉言也。过分求福，适以速祸；安分远祸，将自得福。

倚势而凌人者，势败而人凌；恃财而侮人者，财散而人侮。此循环之道。我争者，人必争，虽极力争之，未必得；我让者，人必让，虽极力让之，未必失。贫不能享客，而好结客；老不能徇世，而好维世；穷不能买书，而好读奇书。

沧海日，赤城霞，峨眉雪，巫峡云，洞庭月，潇湘雨，彭蠡烟，广陵涛，庐山瀑布，合宇宙奇观，绘吾斋壁；少陵诗，摩诘（王维）画，左传文，马迁史，薛涛笺，右军（王羲之）帖，南华经，相如赋，屈子离骚，收古今绝艺，置我山窗。

偶饭淮阴（韩信），定万古英雄之眼；醉题便殿（《开元天宝遗事》载：李白于便殿对明皇撰诏诰，时十月大寒，笔冻莫能书字，帝敕宫嫔十人，侍于李白左右，令各执牙笔呵之，遂取而书其诏，其受圣眷如此），生千秋风雅之光。

清闲无事，坐卧随心，虽粗衣淡食，自有一段真趣；纷扰不宁，忧患缠身，虽锦衣厚味，只觉万状愁苦。我如为善，虽一介寒士，有人服其德；我如为恶，虽位极人臣，有人议其过。

读理义书，学法帖字；澄心静坐，益友清谈；小酌半醺，浇花种竹；听琴玩鹤，焚香煮茶；泛舟观山，寓意弈棋。虽有他乐，吾不易矣。成名每在穷苦日，败事多因得志时。

宠辱不惊，肝木自宁（古人以五脏配五行，肝属木）；动静以敬，心火自定；饮食有节，脾土不泄；调息寡言，肺金自全；怡神寡欲，肾水自足。让利精于取利，逃名巧于邀名。

彩笔描空，笔不落色，而空亦不受染；利刀割水，刀不损锷，而水亦不留痕。唾面自干，娄师德不失为雅量；睚眦必报，郭象玄未免为祸胎。天下可爱的人，都是可怜人；天下可恶的人，都是可惜人。

事业文章，随身销毁，而精神万古如新；功名富贵，逐世转移，而气节千载一日。读书到快目处，起一切沉沦之色；说话到洞心处，破一切暧昧之私。谐臣媚子，极天下聪颖之人；秉正嫉邪，作世间忠直之气。

隐逸林中无荣辱，道义路上无炎凉。闻谤而怒者，谗之罔（捕鸟的饵）；见誉而喜者，佞之媒。滩浊作画，正如隔帘看月，隔水看花，意在远近之间，亦文章法也。藏锦于心，藏绣于口；藏珠玉于咳唾（语出赵壹《刺世疾邪赋》"势家多所宜，咳唾自成珠"），藏珍奇于笔墨；得时则藏于册府，不得则藏于名山。

读一篇轩快之书，宛见山青水白；听几句伶俐之语，如看岳立川行。读书如竹外溪流，洒然而往；咏诗如萍末风起，勃焉而扬。子弟（杂剧演员）排场，有举止而谢飞扬，难博缠头（古时表演者以锦缠头，演毕看客以锦相送）之锦；主宾御席，务廉隅（品行端正）而少蕴藉，终成泥塑之人。

取凉于箑（扇子），不若清风之徐来；激水于橰（取水的工具），不若甘雨之时降。有快捷之才，而无所建用，势必乘愤激之处，一逞雄风；有纵横之论，而无所发明，势必乘簧鼓之场（搬弄是非之地），一恣余力。

月榭凭栏，飞凌缥缈；云房启户，坐看氤氲。发端无绪，归结还自支离；入门一差，进步终成恍惚。李纳（唐时高丽人，平卢淄青节度使享正己之子。）性褊急，酷尚弈棋，每下子，安详极于宽缓。有时躁怒，家人辈则密以棋具陈于前，纳睹便欣然改容，取子布算，都忘其恚。

竹里登楼，远窥韵士，聆其谈名理于坐上，而人我之相可忘；花间扫石，时候棋师，观其应危劫于枰间，而胜负之机早决。六经为庖厨，百家为异馔；三坟为瑚琏（古时祭祀用的一种器皿），诸子为鼓吹；自奉得无大奢，请客未必能享。

说得一句好言，此怀庶几才好。揽了一分闲事，此身永不得闲。古人特爱松风，庭院皆植松，每闻其响，欣然往其下，曰："此可浣尽十年尘胃。"凡名易居，只有清名难居；凡福易享，只有清福难享。

贺兰山外虚兮怨，无定河边破镜愁。有书癖而无剪裁，徒号书橱；惟名饮而少酝藉，终非名饮。飞泉数点雨非雨，空翠几重山又山。夜者日之余，雨者月之余，冬者岁之余。当此三余，人事稍疏，正可一意问学。

树影横床，诗思平凌枕外；云华满纸，字意隐跃行间。耳目宽则天地窄，争务短则日月长。秋老洞庭，霜清彭泽。听静夜之钟声，唤醒梦中之梦；观澄潭之月影，窥见身外之身。事有急之不白者，宽之或自明，毋躁急以速其忿；人有操之不从者，纵之或自化，毋操切以益其顽。

　　士君子贫不能济物者，遇人痴迷处，出一言提醒之；遇人急难处，出一言解救之，亦是无量功德。处父兄骨肉之变，宜从容，不宜激烈；遇朋友交游之失，宜剀切，不宜优游。问祖宗之德泽，吾身所享者，是当念其积累之难；问子孙之福祉，吾身所贻者，是要思其倾覆之易。

　　韶光去矣，叹眼前岁月无多，可惜年华如疾马；长啸归与，知身外功名是假，好将姓字任呼牛（语出《庄子·天道》"昔者子呼我牛也，而谓之牛；呼我马也，而谓之马"）。意慕古，先存古，未敢反古；心持世，外厌世，未能离世。

　　苦恼世上，度不尽许多痴迷汉，人对之肠热，我对之心冷；嗜欲场中，唤不醒许多伶俐人，人对之心冷，我对之肠热。自古及今，山之胜多妙于天成，每坏于人造。画家之妙，皆在运笔之先，运思之际；一经点染，便减机神。

长于笔者，文章即如言语；长于舌者，言语即成文章。昔人谓"丹青乃无言之诗，诗句乃有言之画"；余则欲丹青似诗，诗句无言，方许各臻妙境。舞蝶游蜂，忙中之闲，闲中之忙；落花飞絮，景中之情，情中之景。

五夜鸡鸣，唤起窗前明月；一觉睡起，看破梦里当年。想到非非想，茫然天际白云；明至无无明，浑矣台中明月。逃暑深林，南风逗树；脱帽露顶，沉李浮瓜（语出曹丕《与朝歌令吴质书》："浮甘瓜于清泉，沉朱李于寒水"）；火宅炎宫，莲花忽迸；较之陶潜卧北窗下，自称羲皇上人，此乐过半矣。

霜飞空而漫雾，雁照月而猜弦。既景华而凋彩，亦密照而疏明；若春隩（温暖的春天）之扬蘤（古花字），似秋汉之含星。景澄则岩岫开镜，风生则芳树流芬。类君子之有道，入暗室而不欺；同至人之无迹，怀明义以应时。一翻一覆兮如掌，一死一生兮如轮。

卷五　集素

袁石公云："长安风雪夜，古庙冷铺中，乞儿丐僧，齁齁如雷吼，而白髭老贵人，拥锦下帷，求一合眼不得。呜呼！松间明月，槛外青山，未尝拒人，而人人自拒者何哉？"集素第五。

田园有真乐，不潇洒终为忙人；诵读有真趣，不玩味终为鄙夫；山水有真赏，不领会终为漫游；吟咏有真得，不解脱终为套语。居处寄吾生，但得其地，不在高广；衣服被吾体，但顺其时，不在纨绮；饮食充吾腹，但适其可，不在膏粱；宴乐修吾好，但致其诚，不在浮靡。

披卷有余闲，留客坐残良夜月；褰帷（撩起帷帐）无别务，呼童耕破远山云。琴觞自对，鹿豕为群；任彼世态之炎凉，从他人情之反覆。家居苦事物之扰，惟田舍园亭，别是一番活计；焚香煮茗，把酒吟诗，不许胸中生冰炭。

客寓多风雨之怀，独禅林道院，转添几种生机；染翰挥毫，翻经问偈，肯教眼底逐风尘。茅斋独坐茶频煮，七碗后，气爽神清；竹榻斜眠书漫抛，一枕余，心闲梦稳。带雨有时种竹，关门无事锄花；拈笔闲删旧句，汲泉几试新茶。

余尝净一室，置一几，陈几种快意书，放一本旧法帖，古鼎焚香，素麈挥尘，意思小倦，暂休竹榻；饷时而起，则啜苦茗，信手写汉书几行，随意观古画数幅。心目间，觉洒洒灵空，面上俗尘，当亦扑去三寸。

但看花开落，不言人是非。莫恋浮名，梦幻泡影有限；且寻乐事，风花雪月无穷。白云在天，明月在地；焚香煮茗，阅偈翻经；俗念都捐，尘心顿尽。暑中尝默坐，澄心闭目，作水观久之，觉肌发洒洒，几阁间似有爽气。

胸中只摆脱一恋字，便十分爽净，十分自在；人生最苦处，只是此心，沾泥带水，明是知得，不能割断耳。无事以当贵，早寝以当富，安步以当车，晚食以当肉；此巧于处贫矣。三月茶笋初肥，梅风未困；九月莼鲈正美，秫酒新香；胜友晴窗，出古人法书名画，焚香评赏，无过此时。

高枕丘中，逃名世外，耕稼以输王税，采樵以奉亲颜；新谷既升，田家大洽，肥羜烹以享神，枯鱼燔而召友；蓑笠在户，桔槔空悬，浊酒相命，击缶长歌，野人之乐足矣。为市井草莽之臣，早输国课；作泉石烟霞之主，日远俗情。

覆雨翻云何险也，论人情，只合杜门；吟风弄月忽颓然，全天真，且须对酒。春初玉树参差，冰花错落，琼台奇望，恍坐玄圃罗浮，若非黄昏月下，携琴吟赏，杯酒流连，则暗香浮动疏影横斜之趣，何能真实际。

性不堪虚，天渊亦受鸢鱼之扰；心能会境，风尘还结烟霞之娱。身外有身，捉麈尾矢口闲谈，真如画饼；窍中有窍，向蒲团回心究竟，方是力田。山中有三乐：薜荔可衣，不羡绣裳；蕨薇可食，不贪粱肉；箕踞散发，可以逍遥。

终南当户，鸡峰如碧笋左簇，退食时秀色纷纷堕盘，山泉绕窗入厨，孤枕梦回，惊闻雨声也。世上有一种痴人，所食闲茶冷饭，何名高致。桑林麦陇，高下竞秀；风摇碧浪层层，雨过绿云绕绕。雉雊春阳，鸠呼朝雨，竹篱茅舍，间以红桃白李，燕紫莺黄，寓目色相，自多村家闲逸之想，令人便忘艳俗。

云生满谷，月照长空，洗足收衣，正是宴安时节。眉公居山中，有客问山中何景最奇，曰："雨后露前，花朝雪夜。"又问何事最奇，曰："钓因鹤守，果遣猿收。"古今我爱陶元亮（陶渊明），乡里人称马少游。

嗜酒好睡，往往闭门；俯仰进趋，随意所在。霜水澄定，凡悬崖峭壁；古木垂萝，与片云纤月，一山映在波中，策杖临之，心境俱清绝。亲不抬饭，虽大宾不宰牲；匪直戒奢侈而可久，亦将免烦劳以安身。

饥生阳火炼阴精，食饱伤神气不升。心苟无事，则息自调；念苟无欲，则中自守。文章之妙，语快令人舞，语悲令人泣，语幽令人冷，语怜令人惜，语险令人危，语慎令人密；语怒令人按剑，语激令人投笔，语高令人入云，语低令人下石。

溪响松声，清听自远；竹冠兰佩，物色俱闲。鄙吝一销，白云亦可赠客；渣滓尽化，明月自来照人。存心有意无意之间，微云淡河汉；应世不即不离之法，疏雨滴梧桐。肝胆相照，欲与天下共分秋月；意气相许，欲与天下共坐春风。

堂中设木榻四，素屏二，古琴一张，儒道佛书各数卷。乐天（白居易）既来为主，仰观山，俯听水，傍睨竹树云石，自辰及酉，应接不暇。俄而物诱气和，外适内舒，一宿体宁，再宿心恬，三宿后，颓然嗒然，不知其然而然。

偶坐蒲团，纸窗上月光渐满，树影参差，所见非空非色；此时虽名衲敲门，山童且勿报也。会心处不必在远；翳然林水，便自有濠濮间想（典出庄子与惠施论鱼知乐否），不觉鸟兽禽鱼，自来亲人。

茶欲白，墨欲黑；茶欲重，墨欲轻；茶欲新，墨欲陈。馥喷五木之香（古时香的一种，也称青木香），色冷冰蚕之锦（《拾遗记》：有冰蚕长七寸，黑色，有角，有鳞，以霜雪覆之，然后作茧，长一尺，其色五彩，织为文锦，入水不濡，以之投火，经宿不燎）。筑风台以思避，构仙阁而入圆。

客过草堂问："何感慨而甘栖遁？"余倦于对，但拈古句答曰："得闲多事外，知足少年中。"问："是何功课？"曰："种花春扫雪，看箓夜焚香。"问："是何利养？"曰："砚田（砚台）无恶岁，酒国有长春。"问："是何还往？"曰："有客来相访，通名是伏羲。"

山居胜于城市，盖有八德：不责苛礼，不见生客，不混酒肉，不竞田产，不闻炎凉，不闹曲直，不徵文遁，不谈士籍。采茶欲精，藏茶欲燥，烹茶欲洁。茶见日而夺味，墨见日而色灰。

磨墨如病儿，把笔如壮夫。园中不能辨奇花异石，惟一片树阴，半庭藓迹，差可会心忘形。友来或促膝剧论，或鼓掌欢笑，或彼谈我听，或彼默我喧，而宾主两忘。尘缘割断，烦恼从何处安身；世虑潜消，清虚向此中立脚。

檐前绿蕉黄葵，老少叶，鸡冠花，布满阶砌。移榻对之，或枕石高眠，或捉尘清话。门外车马之尘滚滚，了不相关。夜寒坐小室中，拥炉闲话。渴则敲冰煮茗；饥则拨火煨芋。阿衡（伊尹）五就，那如莘野躬耕；诸葛七擒，争似南阳抱膝。

饭后黑甜（酣睡），日中薄醉，别是洞天；茶铛酒臼，轻案绳床，寻常福地。翠竹碧梧，高僧对弈；苍苔红叶，童子煎茶。久坐神疲，焚香仰卧；偶得佳句，即

《梅柳待腊图》 盛茂烨

立轴绢本水墨设色　纵186cm　横98.5cm

现藏于日本

《春山伴侣图》 唐寅

立轴纸本水墨 纵82cm 横44cm

现藏上海博物馆藏

令毛颖君（毛笔）就枕掌记，不则展转失去。

和雪嚼梅花，羡道人之铁脚（草药名）；烧丹染香履，称先生之醉吟。灯下玩花，帘内看月，雨后观景，醉里题诗，梦中闻书声，皆有别趣。王思远（南齐人，为人清雅，为吏部郎中）扫客坐留，不若杜门；孙仲益（孙觌，字仲益，大观进士，有恶行，为人不齿）浮白俗谈，足当洗耳。

铁笛吹残，长啸数声，空山答响；胡麻饭罢，高眠一觉，茂树屯阴。编茅为屋，叠石为阶，何处风尘可到；据梧而吟，烹茶而语，此中幽兴偏长。皂囊白简（机密公文），被人描尽半生；黄帽青鞋（农夫打扮），任我逍遥一世。

清闲之人不可惰其四肢，又须以闲人做闲事：临古人帖，温昔年书；拂几微尘，洗砚宿墨；灌园中花，扫林中叶。觉体少倦，放身匡床上，暂息半晌可也。待客当洁不当侈，无论不能继，亦非所以惜福。

葆真莫如少思，寡过莫如省事；善应莫如收心，解谬莫如澹志。世味浓，不求忙而忙自至；世味淡，不偷闲而闲自来。盘餐一菜，永绝腥膻，饭僧宴客，何烦六甲行厨（烧火做饭）；茅屋三楹，仅蔽风雨，扫地焚香，安用数童缚帚。

以俭胜贫，贫忘；以施代侈，侈化；以省去累，累消；以逆炼心，心定。净几明窗，一轴画，一囊琴，一只鹤，一瓯茶，一炉香，一部法帖；小园幽径，几丛花，几群鸟，几区亭，几拳石，几池水，几片闲云。

花前无烛，松叶堪燃；石畔欲眠，琴囊可枕。流年不复记，但见花开为春，花落为秋；终岁无所营，惟知日出而作，日入而息。脱巾露项，斑文竹箨之冠（竹皮冠）；倚枕焚香，半臂华山之服（僧服）。

谷雨前后，为和凝汤社（《清异录》载："和凝在朝，率同列递日以茶相饮，味劣者有罚，号为汤社。"），双井白茅，湖州紫笋，扫臼涤铛，徵泉选火。以王濛（东晋清谈家）为品司，卢仝为执权，李赞皇为博士，陆鸿渐为都统。聊消渴吻，敢讳水淫，差取婴汤，以供茗战。

窗前落月，户外垂萝；石畔草根，桥头树影；可立可卧，可坐可吟。亵狎易契，日流于放荡；壮厉难亲，日进于规矩。甜苦备尝好丢手，世味浑如嚼蜡；生死事大急回头，年光疾如跳丸。

若富贵，由我力取，则造物无权；若毁誉，随人脚根，则谗夫得志。清事不可着迹。若衣冠必求奇古，器用必求精良，饮食必求异巧，此乃清中之浊，吾以为清事之一蠹。

吾之一身，尝有少不同壮，壮不同老；吾之身后，焉有子能肖父，孙能肖祖。如此期，必属妄想，所可尽者，惟留好样与儿孙而已。若想钱，而钱来，何故不想；若愁米，而米至，人固当愁。晓起依旧贫穷，夜来徒多烦恼。

半窗一几，远兴闲思，天地何其寥阔也；清晨端起，亭午高眠，胸襟何其洗涤也。行合道义，不卜自吉；行悖道义，纵卜亦凶。人当自卜，不必问卜。奔走于权幸之门，自视不胜其荣，人窃以为辱；经营于利名之场，操心不胜其苦，己反以为乐。

宇宙以来有治世法，有傲世法，有维世法，有出世法，有垂世法。唐虞垂衣，商周秉钺，是谓治世；巢父洗耳，褒公瞠目，是谓傲世；首阳轻周，桐江重汉，是谓维世；青牛度关，白鹤翔云，是谓出世；若乃鲁儒（孔子）一人，邹传七篇（指《孟子》），始谓垂世。

书室中修行法：心闲手懒，则观法帖，以其可逐字放置也；手闲心懒，则治迂事，以其可作可止也；心手俱闲，则写字作诗文，以其可以兼济也；心手俱懒，则坐睡，以其不强役于神也；心不甚定，宜看诗及杂短故事，以其易于见意不滞于久也；心闲无事，宜看长篇文字，或经注，或史传，或古人文集，此又甚宜风雨之际及寒夜也。又曰："手冗心闲则思，心冗手闲则卧，心手俱闲，则著作书字，心手俱冗，则思早毕其事，以宁吾神。"

片时清畅，即享片时；半景幽雅，即娱半景；不必更起姑待之心。一室经行，贤于九衢奔走；六时礼佛，清于五夜朝天。会意不求多，数幅晴光摩诘画；知心能有几，百篇野趣少陵诗。

醇醪百斛，不如一味太和之汤；良药千包，不如一服清凉之散。闲暇时，取古人快意文章，朗朗读之，则心神超逸，须眉开张。修净土者（净土宗，佛教一派），自净其心，方寸居然莲界；学禅坐者，达禅之理，大地尽作蒲团。

衡门（简陋住所）之下，有琴有书，载弹载咏，爰得我娱；岂无他好，乐是幽居。朝为灌园，夕偃蓬庐。因葺旧庐，疏渠引泉，周以花木，日哦其间；故人过逢，瀹茗弈棋，杯酒淋浪，其乐殆非尘中物也。

逢人不说人间事，便是人间无事人。闲居之趣，快活有五。不与交接，免拜送之礼，一也；终日观书鼓琴，二也；睡起随意，无有拘碍，三也；不闻炎凉嚣杂，四也；能课子耕读，五也。

虽无丝竹管弦之盛，一觞一咏，亦足以畅叙幽情。独卧林泉，旷然自适，无利无营，少思寡欲，修身出世法也。

茅屋三间，木榻一枕，烧高香，啜苦茗，读数行书，懒倦便高卧松梧之下，或科头（束发不戴冠）行吟。日常以苦茗代肉食，以松石代珍奇，以琴书代益友，以著述代功业，此亦乐事。

挟怀朴素，不乐权荣；栖迟僻陋，忽略利名；葆守恬淡，希时安宁；晏然闲居，时抚瑶琴。人生自古七十少，前除幼年后除老。中间光景不多时，又有阴晴与烦恼。到了中秋月倍明，到了清明花更好。花前月下得高歌，急须漫把金樽倒。世上财多赚不尽，朝里官多做不了。

官大钱多身转劳，落得自家头白早。请君细看眼前人，年年一分埋青草。草里多多少少坟，一年一半无人扫。

饥乃加餐，菜食美于珍味；倦然后睡，草蓐胜似重裀。流水相忘游鱼，游鱼相忘流水，即此便是天机；太空不碍浮云，浮云不碍太空，何处别有佛性？颇怀古人之风，愧无素屏之赐，则青山白云，何在非我枕屏。

江山风月，本无常主，闲者便是主人。入室许清风，对饮惟明月。被衲持钵，作发僧行径，以鸡鸣当檀越（施主），以枯管当筇仗，以饭颗当祇园（佛祖讲习处），以岩云野鹤当伴侣，以背锦奚奴当行脚头陀，往探六六奇峰，三三曲水。

山房置一钟，每于清晨良宵之下，用以节歌，令人朝夕清心，动念和平。李秃（李贽）谓："有杂想，一击遂忘；有愁思，一撞遂扫。"知音哉！

潭涧之间，清流注泻，千岩竞秀，万壑争流，却自胸无宿物，漱清流，令人濯濯清虚，日来非惟使人情开涤，可谓一往有深情。林泉之浒，风飘万点，清露晨流，新桐初引，萧然无事，闲扫落花，足散人怀。

浮云出岫，绝壁天悬，日月清朗，不无微云点缀。看云飞轩轩霞举，踞胡床与友人咏谑，不复淬秽太清。山房之磬，虽非绿玉，沉明轻清之韵，尽可节清歌洗俗耳。山居之乐，颇惬冷趣，煨落叶为红炉，况负暄于岩户。土鼓催梅，荻灰暖地，虽潜凛以萧索，见素柯之凌岁。同云不流，舞雪如醉，野因旷而冷舒，山以静而不晦。枯鱼在悬，浊酒已注，朋徒我从，寒盟可固，不惊岁暮于天涯，即是挟纩（披上锦衣）于孤屿。

步障（古时用于遮尘或隔断内外的帐幕）锦千层，氍毹（地毯）紫万叠，何似编叶成帏，聚茵为褥？绿阴流影清入神，香气氤氲彻人骨，坐来天地一时宽，闲放风流晓清福。送春而血泪满腮，悲秋而红颜惨目。翠羽欲流，碧云为飔。

郊中野坐，固可班荆；径里闲谈，最宜拂石。侵云烟而独冷，移开清啸胡床，藉草木以成幽，撤去庄严莲界。况乃枕琴夜奏，逸韵更扬；置局午敲，清声甚远；洵幽栖之胜事，野客之虚位也。

饮酒不可认真，认真则大醉，大醉则神魂昏乱。在书为沉湎（语出《尚书·泰誓上》："沉湎冒色，敢行暴虐。"），在诗为童羖（语出《诗经·小雅·宾之初筵》："由醉之言，俾出童羖"），在礼为豢豕（语出《礼记·乐记》："夫豢豕为酒，非以为祸也。"），在史为狂药。何如但取半酣，与风月为侣？

家鸳鸯湖滨，饶兼葭凫鹥，水月潋荡之观。客啸渔歌，风帆烟艇，虚无出没，半落几上，呼野衲而泛斜阳，无过此矣！雨后卷帘看雾色，却疑苔影上花来。

月夜焚香，古桐（古琴）三弄，便觉万虑都忘，妄想尽绝。试看香是何味，烟是何色，穿窗之白是何影，指下之余是何音，恬然乐之而悠然忘之者，是何趣，不可思量处，是何境？贝叶之歌（佛经）无碍，莲花之心不染。

河边共指星为客，花里空瞻月是卿。人之交友，不出趣味两字，有以趣胜者，有以味胜者。然宁饶于味，而无饶于趣。守恬淡以养道，处卑下以养德，去嗔怒以养性，薄滋味以养气。

吾本薄福人，宜行惜福事；吾本薄德人，宜行厚德事。知天地皆逆旅，不必更求顺境；视众生皆眷属，所以转成冤家。只宜于着意处写意，不可向真景处点景。只愁名字有人知，涧边幽草；若问清盟谁可托，沙上闲鸥。山童率草木之性，与鹤同眠；奚奴领歌咏之情，检韵而至。闭户读书，绝胜入山修道；逢人说法，全输兀坐扪心。

砚田登大有（《周易》的卦名，大获所有），虽千仓珠粟，不输两税之征（唐后期的税法），文锦运机杼，纵万轴龙文，不犯九重之禁。步明月于天衢，览锦云于江阁。幽人清课，讵但啜茗焚香；雅士高盟，不在题诗挥翰。

以养花之情自养，则风情日闲；以调鹤之性自调，则真性自美。热汤如沸，茶不胜酒；幽韵如云，酒不胜茶。茶类隐，酒类侠。酒固道广，茶亦德素。老去自觉万缘都尽，那管人是人非；春来倘有一事关心，只在花开花谢。

是非场里，出入逍遥；顺逆境中，纵横自在。竹密何妨水过，山高不碍云飞。口中不设雌黄，眉端不挂烦恼，可称烟火神仙；随意而栽花柳，适性以养禽鱼，此是山林经济。午睡醒来，颓然自废，身世庶几浑忘；晚炊既收，寂然无营，烟火听其更举。

花开花落春不管，拂意事休对人言；水暖水寒鱼自知，会心处还期独赏。心地上无风涛，随在皆青山绿水；性天中有化育，触处见鱼跃鸢飞。宠辱不惊，闲看庭前花开花落；去留无意，漫随天外云卷云舒。斗室中万虑都捐，说甚画栋飞云，珠帘卷雨；三杯后一真自得，谁知素弦横月，短笛吟风。

得趣不在多，盆池拳石间，烟霞具足；会景不在远，蓬窗竹屋下，风月自赊。会得个中趣，五湖之烟月尽入寸衷；破得眼前机，千古之英雄都归掌握。细雨闲开卷，微风独弄琴。水流任意景常静，花落虽频心自闲。

残醴供自醉，傲他附热之蛾；一枕余黑甜，输却分香之蝶。闲为水竹云山主，静得风花雪月奴。半幅花笺入手，剪裁就腊雪春冰；一条竹杖随身，收拾尽燕云楚水。心与竹俱空，问是非何处安觉；貌偕松共瘦，知忧喜无由上眉。

芳菲林圃看蜂忙，觑破几多尘情世态；寂寞衡茆（陋室）观燕寝，发起一种冷趣幽思。何地非真境？何物非真机？芳园半亩，便是旧金谷；流水一湾，便是小桃源。林中野鸟数声，便是一部清鼓吹；溪上闲云几片，便是一幅真画图。

人在病中，百念灰冷，虽有富贵，欲享不可，反羡贫贱而健者。是故人能于无事时常作病想。一切名利之心，自然扫去。竹影入帘，蕉阴荫槛，故蒲团一卧，不知身在冰壶鲛室（典出张华《博物志》："南海水有鲛人，水居如鱼，不废织绩，其眼能泣珠。"）。

霜降木落时，入疏林深处，坐树根上，飘飘叶点衣袖，而野鸟从梢飞来窥人。荒凉之地，殊有清旷之致。明窗之下，罗列图史琴尊以自娱。有兴则泛小舟，吟啸览古于江山之间。渚茶野酿，足以消忧；莼鲈稻蟹，足以适口。又多高僧隐士，佛庙绝胜。家有园林，珍花奇石，曲沼高台，鱼鸟流连，不觉日暮。

山中莳花种草，足以自娱，而地朴人荒，泉石都无，丝竹绝响，奇士雅客亦不复过，未免寂寞度日。然泉石以水竹代，丝竹以莺舌蛙吹代，奇士雅客以蠹简代（古籍经典），亦略相当。闲中觅伴书为上，身外无求睡最安。

栽花种竹，未必果出闲人；对酒当歌，难道便称侠士？虚堂留烛，抄书尚存老眼；有客到门，挥麈但说青山。千人亦见，百人亦见，斯为出类拔萃之英雄；三日不举火，十年不制衣，殆是安贫乐道之贤士。

帝子之望巫阳，远山过雨；王孙之别南浦，芳草连天。室距桃源，晨夕恒滋兰茝（一种香草）；门开杜径（语出杜甫《客至》："花径不曾缘客扫，蓬门今始为君开。"），往来惟有羊裘。

枕长林而披史，松子为餐；入丰草以投闲，蒲根可服。一泓溪水柳分开，尽道清虚搅破；三月林光花带去，莫言香分消残。荆扉昼掩，闲庭宴然，行云流水襟怀；隐不违亲，贞不绝俗，太山乔岳气象。

窗前独榻频移，为亲夜月；壁上一琴常挂，时拂天风。萧斋（书房）香炉，书史酒器俱捐；北窗石枕，松风（茶水煮沸时的声音）茶铛将沸。明月可人，清风披坐，班荆问水，天涯韵士高人；下箸佐觞，品外涧毛溪薇，主之荣也。高轩寒户，肥马嘶门，命酒呼茶，声势惊神震鬼；叠筵累几，珍奇罄地穷天，客之辱也。

贺函伯坐径山竹里，须眉皆碧；王长公龛杜鹃楼下，云母都红。坐茂树以终日，濯清流以自洁。采于山，美可茹；钓于水，鲜可食。年年落第，春风徒泣于迁莺；处处羁游，夜雨空悲于断雁。金壶霏润，瑶管春容。

菜甲初长，过于酥酪。寒雨之夕，呼童摘取，佐酒夜谈，嗅其清馥之气，可涤胸中柴荆，何必纯灰三斛！暖风春座酒，细雨夜窗棋。秋冬之交，夜静独坐，每闻风雨潇潇，既凄然可愁，亦复悠然可喜。至酒醒灯昏之际，尤难为怀。

长亭烟柳，白发犹劳，奔走可怜名利客；野店溪云，红尘不到，逍遥时有牧樵人。天之赋命实同，人之自取则异。富贵大是能俗人之物，使吾辈当之，自可不俗；然有此不俗胸襟，自可不富贵矣。

　　风起思莼，张季鹰之胸怀落落；春回到柳，陶渊明之兴致翩翩。然此二人，薄宦投簪，吾犹嗟其太晚。黄花红树，春不如秋；白云青松，冬亦胜夏。春夏园林，秋冬山谷，一心无累，四季良辰。

　　听牧唱樵歌，洗尽五年尘土肠胃；奏繁弦急管，何如一派山水清音。孑然一身，萧然四壁，有识者当此，虽未免以冷淡成愁，断不以寂寞生悔。从五更枕席上参看心体，心未动，情未萌，才见本来面日；向三时饮食中谙练世味，浓不欣，淡不厌，方为切实功夫。

　　瓦枕石榻，得趣处下界有仙，木食草衣，随缘时西方无佛。当乐境而不能享者，毕竟是薄福之人；当苦境而反觉甘者，方才是真修之士。半轮新月数竿竹，千卷藏书一盏茶。偶向水村江郭，放不系之舟，还从沙岸草桥，吹无孔之笛。

　　物情以常无事为欢颜，世态以善托故为巧术。善救时，若和风之消酷暑，能脱俗，似淡月之映轻云。廉所以惩贪，我果不贪，何必标一廉名，以来贪夫之侧目；让所以息争，我果不争，又何必立一让名，以致暴客之弯弓？

曲高每生寡和之嫌，歌唱需求同调；眉修多取入宫之妒，梳洗切莫倾城。随缘便是遣缘，似舞蝶与飞花共适；顺事自然无事，若满月偕盆水同圆。耳根似飙谷投响，过而不留，则是非俱谢；心境如月池浸色，空而不着，则物我两忘。

心事无不可对人语，则梦寐俱清；行事无不可使人见，则饮食俱健。

卷六　集景

　　结庐松竹之间，闲云封户；徙倚青林之下，花瓣沾衣。芳草盈阶，茶烟几缕；春光满眼，黄鸟一声。此时可以诗，可以画，而正恐诗不尽言，画不尽意。而高人韵士，能以片言数语尽之者，则谓之诗可，谓之画可，谓高人韵士之诗画亦无不可。集景第六。

　　花关曲折，云来不认湾头（水湾边）；草径幽深，落叶但敲门扇。细草微风，两岸晚山迎短棹；垂杨残月，一江春水送行舟。草色伴河桥，锦缆晓牵三竺雨；花阴连野寺，布帆晴挂六桥烟。闲步畎亩间，垂柳飘风，新秧翻浪；耕夫荷农器，长歌相应；牧童稚子，倒骑牛背，短笛无腔，吹之不休，大有野趣。

　　夜阑人静，携一童立于清溪之畔，孤鹤忽唳，鱼跃有声，清入肌骨。垂柳小桥，纸窗竹屋，焚香燕坐，手握道书一卷。客来则寻常茶具，本色清言，日暮乃归，不知马蹄为何物。

门内有径，径欲曲；径转有屏，屏欲小；屏进有阶，阶欲平；阶畔有花，花欲鲜；花外有墙，墙欲低；墙内有松，松欲古，松底有石，石欲怪；石面有亭，亭欲朴；亭后有竹，竹欲疏；竹尽有室，室欲幽；室旁有路，路欲分；路合有桥，桥欲危；桥边有树，树欲高；树阴有草，草欲青；草上有渠，渠欲细；渠引有泉，泉欲瀑；泉去有山，山欲深；山下有屋，屋欲方；屋角有圃，圃欲宽；圃中有鹤，鹤欲舞；鹤报有客，客不俗；客至有酒，酒欲不却；酒行有醉，醉欲不归。

清晨林鸟争鸣，唤醒一枕春梦。独黄鹂百舌，抑扬高下，最可人意。高峰入云，清流见底。两岸石壁，五色交辉，青林翠竹，四时俱备，晓雾将歇，猿鸟乱鸣；日夕欲颓，池鳞竞跃，实欲界之仙都。自康乐（谢灵运，封康乐公）以来，未有能与其奇者。曲径烟深，路接杏花酒舍；澄江日落，门通杨柳渔家。

长松怪石，去墟落不下一二十里。鸟径缘崖，涉水于草莽间数四，左右两三家相望，鸡犬之声相闻。竹篱草舍，燕处其间，兰菊艺之，霜月春风，日有余思，临水时种桃梅，儿童婢仆皆布衣短褐，以给薪水，酿村酒而饮之。案有诗书、庄周、太玄、楚辞、黄庭、阴符、楞严、圆觉，数十卷而已。杖藜蹑屐，往来穷谷大川，听流水，看激湍，鉴澄潭，步危桥，坐茂树，探幽壑，升高峰，不亦乐乎！

天气晴朗，步出南郊野寺，沽酒饮之。半醉半醒，携僧上雨花台，看长江一线，风帆摇曳，钟山紫气，掩映黄屋，景趣满前，应接不暇。净扫一室，用博山炉，爇沉水香，香烟缕缕，直透心窍，最令人精神凝聚。

每登高丘，步邃谷，延留燕坐，见悬崖瀑流，寿木垂萝，闳邃岑寂之处，终日忘返。每遇胜日有好怀，袖手哦古人诗足矣。青山秀水，到眼即可舒啸，何必居篱落下，然后为己物？柴门不扃，筠帘半卷，梁间紫燕，呢呢喃喃，飞出飞入。山人以啸咏佐之，皆各适其性。风晨月夕，客去后，蒲团可以双跏；烟岛云林，兴来时，竹杖何妨独往。

三径竹间，日华澹澹，固野客之良辰；一编窗下，风雨潇潇，亦幽人之好景。乔松十数株，修竹千余竿；青萝为墙垣，白石为鸟道；流水周于舍下，飞泉落于檐间；绿柳白莲，罗生池砌：时居其中，无不快心。

人冷因花寂，湖虚受雨喧。有屋数间，有田数亩。用盆为池，以瓮为牖，墙高于肩，室大于斗。布被暖余，藜藿饱后。气吐胸中，充塞宇宙，笔落人间，辉映琼玖。人能知止，以退为茂。我自不出，何退之有？心无妄想，足无妄走，人无妄交，物无妄受。炎炎论之，甘处其陋。绰绰言之，无出其右。羲轩之书，未尝去手，尧舜之谈，未尝离口。谭中和天，同乐易友，吟自在诗，饮欢喜酒。百年升平，不为不偶，七十康强，不为不寿。

中庭蕙草销雪，小苑梨花梦云。以江湖相期，烟霞相许；付同心之雅会，托意气之良游。或闭户读书，累月不出；或登山玩水，竟日忘归。斯贤达之素交，盖千秋之一遇。荫映岩流之际，偃息琴书之侧，寄心松竹，取乐鱼鸟，则淡泊之愿，于是毕矣。

庭前幽花时发，披览既倦，每啜茗对之。香色撩人，吟思忽起，遂歌一古诗，以适清兴。凡静室，须前栽碧梧，后种翠竹，前檐放步，北用暗窗，春冬闭之，以避风雨，夏秋可开，以通凉爽。然碧梧之趣，春冬落叶，以舒负暄融和之乐，夏秋交荫，以蔽炎烁蒸烈之气，四时得宜，莫此为胜。

家有三亩园，花木郁郁。客来煮茗，谈上都贵游、人间可喜事，或茗寒酒冷，宾主相忘，其居与山谷相望，暇则步草径相寻。

良辰美景，春暖秋凉。负杖蹑履，逍遥自乐。临池观鱼，披林听鸟；酌酒一杯，弹琴一曲；求数刻之乐，庶几居常以待终。筑室数楹，编槿为篱，结茅为亭。以三亩荫竹树栽花果，二亩种蔬菜，四壁清旷，空诸所有，蓄山童灌园薙草，置二三胡床着亭下，挟书剑以伴孤寂，携琴弈以迟良友，此亦可以娱老。

一径阴开，势隐蛇蟺之致，云到成迷；半阁孤悬，影回缥缈之观，星临可摘。几分春色，全凭狂花疏柳安排；一派秋容，总是红蓼白蘋妆点。南湖水落，妆台之明月犹悬；西郭烟销，绣榻之彩云不散。

秋竹沙中淡，寒山寺里深。野旷天低树，江清月近人。潭水寒生月，松风夜带秋。春山艳冶如笑，夏山苍翠如滴，秋山明净如妆，冬山惨淡如睡。眇眇乎春山，淡冶而欲笑，翔翔乎空丝，绰约而自飞。

盛暑持蒲，榻铺竹下，卧读骚经，树影筛风，浓阴蔽日，丛竹蝉声，远远相续，蘧然入梦，醒来命取榤（榤木木梳）栉发，汲石涧流泉，烹云芽一啜，觉两腋生风。徐步草玄亭，芰荷出水，风送清香，鱼戏冷泉，凌波跳掷。因陟东皋之上，四望溪山罨画（彩画），平野苍翠。激气发于林瀑，好风送之水涯，手挥麈尾，清兴洒然。不待法雨（佛法）凉雪，使人火宅之念（俗念）都冷。

山曲小房，入园窈窕幽径，绿玉万竿。中汇涧水为曲池，环池竹树云石，其后平冈透迤，古松鳞鬣，松下皆灌丛杂木，茑萝骈织，亭榭翼然。夜半鹤唳清远，恍如宿花坞；间闻哀猿啼啸，嘹呖惊霜，初不辨其为城市为山林也。

一抹万家，烟横树色，翠树欲流，浅深间布，心目竞观，神情爽涤。万里澄空，千峰开霁，山色如黛，风气如秋，浓阴如幕，烟光如缕，笛响如鹤唳，经呗如咿唔，温言如春絮，冷语如寒冰，此景不应虚掷。

山房置古琴一张，质虽非紫琼绿玉，响不在焦尾号钟，置之石床，快作数弄。深山无人，水流花开，清绝冷绝。密竹轶云，长林蔽日，浅翠娇青，笼烟惹湿，构数椽其间，竹树为篱，不复葺垣，中有一泓流水，清可漱齿，曲可流觞，放歌其间，离披蒨郁，神涤意闲。

抱影寒窗，霜夜不寐，徘徊松竹下。四山月白露坠，冰柯相与，咏李白《静夜思》，便觉冷然寒风。就寝复坐蒲团，从松端看月，煮茗佐谈，竟此夜乐。云晴叆叇（浮云遮日），石楚流滋，狂飙忽卷，珠雨淋漓。黄昏孤灯明灭，山房清旷，意自悠然。夜半松涛惊飔，蕉园鸣琅，窾坎之声，疏密间发，愁乐交集，足写幽怀。

四林皆雪，登眺时见絮起风中，千峰堆玉，鸦翻城角，万壑铺银。无树飘花，片片绘子瞻之壁（赤壁）；不妆散粉，点点糁原宪之羹。飞霰入林，回风折竹，徘徊凝览，以发奇思。画冒雪出云之势，呼松醪茗饮之景。拥炉煨芋，欣然一饱，随作雪景一幅，以寄僧赏。

孤帆落照中，见青山映带，征鸿回渚，争栖竞啄，宿水鸣云，声凄夜月，秋飙萧瑟，听之黯然，遂使一夜西风，寒生露白。万山深处，一泓涧水，四周削壁，石磴崭岩，丛木蓊郁，老猿穴其中，古松屈曲，高拂云颠，鹤来时栖其顶。每晴初霜旦，林寒涧肃，高猿长啸，属引凄异，风声鹤唳，隙呖惊霜，闻之令人凄绝。

春雨初霁，园林如洗，开扉闲望，见绿畴麦浪层层，与湖头烟水相映带，一派苍翠之色，或从树杪流来，或自溪边吐出。支筇散步，觉数十年尘土肺肠，俱为洗净。四月有新笋、新茶、新寒豆、新含桃（樱桃），绿阴一片，黄鸟数声，乍晴乍雨，不暖不寒，坐间非雅非俗，半醉半醒，尔时如从鹤背飞下耳。

名从刻竹，源分渭亩（指竹林）之云；倦以据梧，清梦郁林之石。夕阳林际，蕉叶堕而鹿眠；点雪炉头，茶烟飘而鹤避。

高堂客散，虚户风来，门设不关，帘钩欲下。横轩有狻猊（狮子）之鼎，隐几皆龙马之文（指上古之书），流览云端，寓观濠上。山经秋而转淡，秋入山而倍清。山居有四法：树无行次，石无位置，屋无宏肆，心无机事。

花有喜、怒、寤、寐、晓、夕，浴花者得其候，乃为膏雨。淡云薄日，夕阳佳月，花之晓也；狂号连雨，烈焰浓寒，花之夕也；檀唇烘日，媚体藏风，花之喜也；晕酣神敛，烟色迷离，花之愁也；欹枝困槛，如不胜风，花之梦也；嫣然流盼，光华溢目，花之醒也。

海山微茫而隐见，江山严厉而峭卓，溪山窈窕而幽深，塞山童赭（红土地）而堆阜，桂林之山绵衍庞博，江南之山峻峭巧丽。山之形色，不同如此。杜门避影，出山一事不到梦寐间；春昼花阴，猿鹤饱卧亦五云之余荫。

白云徘徊，终日不去。岩泉一支，潺湲斋中。春之昼，秋之夕，既清且幽，大得隐者之乐，惟恐一日移去。与衲子辈坐林石上，谈因果，说公案。久之，松际月来，振衣而起，踏树影而归，此日便是虚度。

结庐人径，植杖山阿，林壑地之所丰，烟霞性之所适，荫丹桂，藉白芽，浊酒一杯，清琴数弄，诚足乐也。辋水（在今陕西蓝田县南）沦涟，与月上下；寒山远火，明灭林外，深巷小犬，吠声如豹。村墟夜舂，复与疏钟相间，此时独坐，童仆静默。

东风开柳眼，黄鸟骂桃奴（经冬不落的桃子）。晴雪长松，开窗独坐，恍如身在冰壶；斜阳芳草，携杖闲吟，信是人行图画。小窗下修篁萧瑟，野鸟悲啼；峭壁间醉墨淋漓，山灵呵护。

霜林之红树，秋水之白蘋。云收便悠然共游，雨滴便冷然俱清；鸟啼便欣然有会，花落便洒然有得。千竿修竹，周遭半亩方塘；一片白云，遮蔽五株垂柳。山馆秋深，野鹤唳残清夜月；江园春暮，杜鹃啼断落花风。

青山非僧不致，绿水无舟更幽；朱门有客方尊，缁衣绝粮益韵。杏花疏雨，杨柳轻风，兴到欣然独往；村落烟横，沙滩月印，歌残倏尔言旋。赏花酤酒，酒浮园菊方三盏，睡醒问月，月到庭梧第二枝。此时此兴，亦复不浅。

几点飞鸦，归来绿树；一行征雁，界破青天。看山雨后，霁色一新，便觉青山倍秀；玩月江中，波光千顷，顿令明月增辉。楼台落日，山川出云。玉树之长廊半阴，金陵之倒景犹赤。

小窗偃卧，月影到床，或逗留于梧桐，或摇乱于杨柳；翠华扑被，神骨俱仙。及从竹里流来，如自苍云吐出。清送素娥之环佩，逸移幽士之羽裳。相思足慰于故人，清啸自纡于良夜。

绘雪者，不能绘其清；绘月者，不能绘其明；绘花者，不能绘其香；绘风者，不能绘其声；绘人者，不能绘其情。读书宜楼，其快有五：无剥啄（叩门声）之惊，一快也；可远眺，二快也；无湿气浸床，三快也；木末竹颠，与鸟交语，四快也；云霞宿高檐，五快也。

山径幽深，十里长松引路，不倩金张；俗态纠缠，一编残卷疗人，何须卢扁。喜方外之浩荡，叹人间之窘束。逢阆苑之逸客，值蓬莱之故人。忽据梧而策杖，亦披裘而负薪。出芝田而计亩，入桃源而问津。菊花两岸，松声一丘。叶动猿来，花惊鸟去。阅丘壑之新趣，纵江湖之旧心。

篱边杖履送僧，花须列于巾角；石上壶觞坐客，松子落我衣裾。远山宜秋，近山宜春，高山宜雪，平山宜月。珠帘蔽月，翻窥窈窕之花；绮幔藏云，恐碍扶疏之柳。松子为餐，蒲根可服。

烟霞润色，荃荙结芳。出涧幽而泉冽，入山户而松凉。旭日始暖，蕙草可织；园桃红点，流水碧色。玩飞花之度窗，看春风之入柳，忽翔飞而暂隐，时凌空而更飐。竹依窗而弄影，兰因风而送香。风暂下而将飘，烟才高而不瞑。悠扬绿柳，讶合浦之同归；燎绕青霄，环五星之一气。褥绣起于缇纺，烟霞生于灌莽。

卷七　集韵

人生斯世，不能读尽天下秘书灵笈。有目而昧，有口而哑，有耳而聋，而面上三斗俗尘，何时扫去？则韵之一字，其世人对症之药乎？虽然，今世且有焚香啜茗，清凉在口，尘俗在心，俨然自附于韵，亦何异三家村老妪，动口念阿弥，便云升天成佛也。集韵第七。

陈慥（陈季常，苏轼友人）家蓄数姬，每日晚藏花一枝，使诸姬射覆（古时一种游戏，让人猜测所覆之物为何），中者留宿，时号"花媒"。雪后寻梅，霜前访菊；雨际护兰，风外听竹。

清斋幽闭，时时暮雨打梨花；冷句忽来，字字秋风吹木叶。多方分别，是非之窦易开；一味圆融，人我之见不立。春云宜山，夏云宜树，秋云宜水，冬云宜野。

清疏畅快，月色最称风光；潇洒风流，花情何如柳态。

春夜小窗兀坐，月上木兰，有骨凌冰，怀人如玉。因想"雪满山中高士卧，月明林下美人来"语，此际光景颇似。文房供具，藉以快目适玩，铺叠如市，颇损雅趣，其点缀之法，罗罗清疏，方能得致。

香令人幽，酒令人远，茶令人爽，琴令人寂，棋令人闲，剑令人侠，杖令人轻，麈令人雅，月令人清，竹令人冷，花令人韵，石令人隽，雪令人旷，僧令人淡，蒲团令人野，美人令人怜，山水令人奇，书史令人博，金石鼎彝令人古。

吾斋之中，不尚虚礼，凡入此斋，均为知己。随分款留，忘形笑语，不言是非，不侈荣利，闲谈古今，静玩山水，清茶好酒，以适幽趣，臭味之交，如斯而已。窗宜竹雨声，亭宜松风声，几宜洗砚声，榻宜翻书声，月宜琴声，雪宜茶声，春宜筝声，秋宜笛声，夜宜砧声。

《关山行旅图》 陆妫

立轴绢本设色 纵241.5cm 横129.6cm

现藏上海博物馆藏

《江乡清晓图》 禹之鼎

立轴绢本设色 纵181.6cm 横96.3cm

现藏旅顺博物馆藏

　　鸡坛（古时越国人朋友相聚，封土坛，祭以鸡犬）可以益学，鹤阵可以善兵。翻经如壁观僧，饮酒如醉道士，横琴如黄葛野人（隐士），肃客如碧桃渔父。竹径款扉，柳阴班席。每当雄才之处，明月停辉，浮云驻影。退而与诸俊髦。西湖靓媚，赖此英雄，一洗粉泽。

　　云林性嗜茶，在惠山中，用核桃、松子肉和白糖，成小块，如石子，置茶中，出以啖客，名曰清泉白石。有花皆刺眼，无月便攒眉，当场得无妒我；花归三寸管，月代五更灯，此事何可语人？

　　求校书于女史，论慷慨于青搂。填不满贪海，攻不破疑城。机息便有月到，风来不必苦海。人世心远，自无车尘马迹，何须痼疾丘山？郊中野坐，固可班荆；径里闲谈，最宜拂石。侵云烟而独冷，移开清笑胡床，借竹木以成幽，撤去庄严莲坐。

　　幽心人似梅花，韵心士同杨柳。情因年少，酒因境多。看书筑得村楼，空山曲抱，趺坐扫来花径，乱水斜穿。倦时呼鹤舞，醉后倩僧扶。笔床茶灶不巾栉，闭户潜夫（东汉王符，终生隐居，著《潜夫论》）；宝轴牙签少须眉，下帷董子（董仲舒）。

鸟衔幽梦远，只在数尺窗纱，蛩递秋声悄，无言一龛灯火。藉草班荆，安稳林泉之夕（晚上）；披裘拾穗，逍遥草泽之曛。万绿阴中，小亭避暑，八闼洞开，几簟皆绿。雨过蝉声来，花气令人醉。剚犀截雁（言辞犀利）之舌锋，逐日追风之脚力。

瘦影疏而漏月，香阴气而堕风。修竹到门云里寺，流泉入袖水中人。诗题半作逃禅偈，酒价都为买药钱。扫石月盈帚，滤泉花满筛。流水有方能出世，名山如药可轻身。与梅同瘦，与竹同清，与柳同眠，与桃李同笑，居然花里神仙；与莺同声，与燕同语，与鹤同唳，与鹦鹉同言，如此话中知己。栽花种竹，全凭诗格取裁；听鸟观鱼，要在酒情打点。

登山遇厉瘴，放艇遇腥风，抹竹遇缪丝，修花遇醒雾，欢场遇害马，吟席遇伧夫，若斯不遇，甚于泥涂。偶集逢好花，踏歌逢明月，席地逢软草，攀磴逢疏藤，展卷逢静云，战茗逢新雨，如此相逢，逾于知己。

草色遍溪桥，醉得蜻蜓春翅软；花风通驿路，迷来蝴蝶晓魂香。田舍儿强作馨语，博得俗因；风月场插入伧父，便成恶趣。诗瘦到门邻，病鹤清影颇嘉；书贫经座并，寒蝉雄风顿挫。梅花入夜影萧疏，顿令月瘦，柳絮当空晴恍忽，偏惹风狂。

花阴流影，散为半院舞衣；水响飞音，听来一溪歌板。萍花香里风清，几度渔歌；杨柳影中月冷，数声牛笛。谢将缥缈无归处，断浦沉云；行到纷纭不系时，空山挂雨。浑如花醉，潦倒何妨，绝胜柳狂，风流自赏。

春光浓似酒，花故醉人，夜色澄如水，月来洗俗。雨打梨花深闭门，怎生消遣；分忖梅花自主张，着甚牢骚？对酒当歌，四座好风随月到；脱巾露顶，一楼新雨带云来。浣花溪内，洗十年游子衣尘；修木林中，定四海良朋交籍。

人语亦语，诋其昧于钳口；人默亦默，訾其短于雌黄。艳阳天气，是花皆堪酿酒，绿阴深处，凡叶尽可题诗。曲沼荇香侵月，未许鱼窥；幽关松冷巢云，不劳鹤伴。篇诗斗酒，何殊太白之丹丘，扣舷吹箫，好继东坡之赤壁。

获佳文易，获文友难；获文友易，获文姬难。茶中着料，碗中着果，譬如玉貌加脂，蛾眉着黛，翻累本色。煎茶非漫浪，要须人品与茶相得，故其法往往传于高流隐逸，有烟霞泉石磊落胸次者。

楼前桐叶，散为一院清阴，枕上鸟声，唤起半窗红日。天然文锦，浪吹花港之鱼；自在笙簧，风戛园林之竹。高士流连，花木添清疏之致：幽人剥啄，莓苔生黯淡之光。松涧边携杖独往，立处云生破衲；竹窗下枕书高卧，觉时月浸寒毡。

散履闲行，野鸟忘机时作伴；披襟兀坐，白云无语谩相留。客到茶烟起竹下，何嫌展破苍苔；诗成笔影弄花间，且喜歌飞《白雪》。月有意而入窗，云无心而出岫。屏绝外慕，偃息长林，置理乱于不闻，托清闲而自佚。松轩竹坞，酒瓮茶铛，山月溪云，农蓑渔罟。

怪石为实友，名琴为和友，好书为益友，奇画为观友，法帖为范友，良砚为砺友，宝镜为明友，净几为方友，古磁为虚友，旧炉为熏友，纸帐为素友，拂尘为静友。扫径迎清风，登台邀明月。琴觞之余，间以歌咏，止许鸟语花香，来吾几榻耳。

风波尘俗，不到意中，云水淡情，常来想外。纸帐梅花，休惊他三春清梦，笔床茶灶，可了我半日浮生。酒浇清苦月，诗慰寂寥花。好梦乍回，沉心未烬，风雨如晦，竹响入床，此时兴复不浅。

山非高峻不佳，不远城市不佳，不近林木不佳，无流泉不佳，无寺观不佳，无云雾不佳，无樵牧不佳。一室十圭（房间小），寒蛩声暗，折脚铛边，敲石无火，水月在轩，灯魂未灭，揽衣独坐，如游皇古意思。

虚闲世界，清净我身我心，了不可取，此一境界，名最第一。花枝送客蛙催鼓，竹籁喧林鸟报更，谓山史实录。遇月夜，露坐中庭，心爇香一炷，可号伴月香。襟韵洒落如晴雪，秋月尘埃不可犯。峰峦窈窕，一拳便是名山，花竹扶疏，半亩如同金谷。

观山水亦如读书，随其见趣高下。深山高居，炉香不可缺，取老松柏之根枝实叶，共捣治之，研风防羼（一种中草药）和之，每焚一丸，亦足助清苦。白日羲皇世，青山绮皓心。松声，涧声，山禽声，夜虫声，鹤声，琴声，棋子落声，雨滴阶声，雪洒窗声，煎茶声，皆声之至清，而读书声为最。

晓起入山，新流没岸；棋声未尽，石磬依然。松声竹韵，不浓不淡。何必丝与竹，山水有清音。世路中人，或图功名，或治生产，尽自正经。争奈大地间好风月、好山水、好书籍，了不相涉，岂非枉却一生！

李岩老好睡，众人食罢下棋，岩老辄就枕，阅数局乃一展转，云："我始一局，君几局矣？"晚登秀江亭，澄波古木，使人得意于尘埃之外，盖人闲景幽，两相奇绝耳。笔砚精良，人生一乐，徒设只觉村妆；琴瑟在御，莫不静好，才陈便得天趣。

蔡中郎传，情思逶迤；北西厢记，兴致流丽。学他描神写景，必先细味沉吟，如曰寄趣本头，空博风流种子。夜长无赖，徘徊蕉雨半窗，日永多闲，打叠桐阴一院。雨穿寒砌，夜来滴破愁心；雪洒虚窗，晓去散开清影。

春夜宜苦吟，宜焚香读书，宜与老僧说法，以销艳思。夏夜宜闲谈，宜临水枯坐，宜听松声冷韵，以涤烦襟。秋夜宜豪游，宜访快士，宜谈兵说剑，以除萧瑟。冬夜宜茗战，宜酌酒说《三国》《水浒》《金瓶梅》诸集，宜箸竹肉（声伎之乐），以破孤岑。

玉之在璞，追琢则珪璋（古时朝会所执之玉器）；水之发源，疏浚则川沼。山以虚而受，水以实而流，读书当作如是观。古之君子，行无友，则友松竹；居无友，则友云山。余无友，则友古之友松竹、友云山者。

买舟载书，作无名钓徒。每当草衰月冷，铁笛风清，觉张志和、陆天随去人未远。今日鬓丝禅榻畔，茶烟轻飏落花风。此趣惟白香山得之。清姿如卧云餐雪，天地尽愧其尘污；雅致如蕴玉含珠，日月转嫌其泄露。

焚香啜茗，自是吴中习气，雨窗却不可少。茶取色臭俱佳，行家偏嫌味苦；香须冲淡为雅，幽人最忌烟浓。朱明之候，绿阴满林，科头散发，箕踞白眼，坐长松下，萧骚流觞，正是宜人疏散之场。

读书夜坐，钟声远闻，梵响相和，从林端来，洒洒窗几上，化作天籁虚无矣。夏日蝉声太烦，则弄箫随其韵转，秋冬夜声寥飒，则操琴一曲咻之。心清鉴底潇湘月，骨冷禅中太华秋。

语鸟名花，供四时之吟啸，清泉白石，成一世之幽怀。扫石烹泉，舌底朝朝茶味，开窗染翰，眼前处处诗题。权轻势去，何妨张雀罗于门前；位高金多，自当效蛇行于郊外。盖炎凉世态，本是常情，故人所浩叹，惟宜付之冷笑耳。

溪畔轻风，沙汀印月，独往闲行，尝喜见渔家笑傲；松花酿酒，春水煎茶，甘心藏拙，不复问人世兴衰。手抚长松，仰视白云，庭空鸟语，悠然自欣。或夕阳篱落，或明月帘栊，或雨夜联榻，或竹下传觞，或青山当户，或白云可庭，于斯时也，把臂促膝，相知几人，谑语雄谈，快心千古。

疏帘清簟，销白昼惟有棋声；幽径柴门，印苍苔只容屐齿（木屐下有两齿）。落花慵扫，留衬苍苔，村酿新刍，取烧红叶。幽径苍苔，杜门谢客，绿阴清昼，脱帽观诗。烟萝挂月，静听猿啼，瀑布飞虹，闲观鹤浴。

帘卷八窗，面面云峰送碧，塘开半亩，潇潇烟水涵清。云衲高僧，泛水登山，或可藉以点缀；如必莲座说法，则诗酒之间，自有禅趣，不敢学苦行头陀，以作死灰。遨游仙子，寒云几片束行妆，高卧幽人，明月半床供枕簟。

落落者难合，一合便不可分，欣欣者易亲，乍亲忽然成怨。故君子之处世也，宁风霜自挟，无鱼鸟亲人。海内殷勤，但读停云之赋（陶渊明《停云诗序》：停云，思亲友也），目中寥廓，徒歌明月之诗。生平愿无恙者四：一曰青山，一曰故人，一曰藏书，一曰名草。

闻暖语如挟纩，闻冷语如饮冰，闻重语如负山，闻危语如压卵，闻温语如佩玉，闻益语如赠金。旦起理花，午窗剪茶，或截草作字，夜卧忏罪，令一日风流萧散之过，不致堕落。快欲之事，无如饥餐；适情之时，莫过甘寝。求多于清欲，即侈汰亦茫然也。云随羽客，在琼台双关之间；鹤唳芝田，正桐阴灵虚（仙境）之上。

卷八　集奇

我辈寂处窗下，视一切人世，俱若蠛蠓（虫子）婴娥，不堪寓目。而有一奇文怪说，目数行下，便狂呼叫绝，令人喜，令人怒，更令人悲，低徊数过，床头短剑亦呜呜作龙虎吟，便觉人世一切不平，俱付烟水，集奇第八。

吕圣公（吕蒙正，宋代为相）之不问朝士名，张师高（张齐贤，宋代宰相）之不发窃器奴，韩稚圭（韩琦，宋代为相）之不易持烛兵，不独雅量过人，正是用世高手。花看水影，竹看月影，美人看帘影。佞佛若可忏罪，则刑官无权；寻仙若可延年，则上帝无主。达士尽其在我，至诚贵于自然。

以货财害子孙，不必操戈入室；以学校杀后世，有如按剑伏兵。君子不傲人以不如，不疑人以不肖。读诸葛武侯《出师表》而不堕泪者，其人必不忠；读韩退之《祭十二郎文》而不堕泪者，其人必不友。

世味非不浓艳，可以淡然处之。独天下之伟人与奇物，幸一见之，自不觉魄动心惊。道上红尘，江中白浪，饶他南面百城（喻尊贵至极）；花间明月，松下凉风，输我北窗一枕（有高卧林泉之意）。立言亦何容易，必有包天包地、包千古、包来今之识；必有惊天惊地、惊千古、惊来今之才；必有破天破地、破千古、破来今之胆。

圣贤为骨，英雄为胆，日月为目，霹雳为舌。瀑布天落，其喷也珠，其泻也练，其响也琴。平易近人，会见神仙济度；瞒心昧己，便有邪祟出来。佳人飞去还奔月，骚客狂来欲上天。

涯如沙聚，响若潮吞。诗书乃圣贤之供案，妻妾乃屋漏之史官。强项者未必为穷之路，屈膝者未必为通之媒。故铜头铁面，君子落得做个君子；奴颜婢膝，小人枉自做了小人。有仙骨者，月亦能飞；无真气者，形终如槁。

一世穷根，种在一捻傲骨；千古笑端，伏于几个残牙。石怪常疑虎（引李广疑石射虎事），云闲却类僧。大豪杰，舍己为人，小丈夫，因人利己。一段世情，全凭冷眼觑破；几番幽趣，半从热肠换来。识尽世间好人，读尽世间好书，看尽世间好山水。

舌头无骨，得言句之总持；眼里有筋，具游戏之三昧。群居闭口，独坐防心。当场傀儡，还我为之；大地众生，任渠笑骂。三徙成名，笑范蠡碌碌浮生，纵扁舟忘却五湖风月；一朝解绶，羡渊明飘飘遗世，命巾车归来满室琴书（陶渊明为彭泽令时，不为五斗米折腰，挂冠而去）。

人生不得行胸怀，虽寿百岁，犹夭也。棋能避世，睡能忘世。棋类耦耕之沮溺（春秋时期的隐士，长沮和桀溺），去一不可；睡同御风之列子，独往独来。以一石一树与人者，非佳子弟。一勺水，便具四海水味，世法不必尽尝；千江月，总是一轮月光，心珠宜当独朗。

面上扫开十层甲，眉目才无可憎；胸中涤去数斗尘，语言方觉有味。愁非一种，春愁则天愁地愁；怨有千般，闺怨则人怨鬼怨。天懒云沉，雨昏花蹙，法界岂少愁云；石颓山瘦，水枯木落，大地觉多窘况。

笋含禅味，喜坡仙玉版之参；石结清盟，受米颠袍笏之辱。文如临画，曾致诮于昔人；诗类书抄，竟沿流于今日。缃绨（书套的一种，淡黄色）递满而改头换面，兹律既湮；缥帙（书套的一种，淡青色）动盈而活剥生吞，斯风亦坠。先读经，后可读史；非作文，未可作诗。

俗气入骨，即吞刀刮肠，饮灰洗胃，觉俗态之益呈；正气效灵，即刀锯在前，鼎镬（古代刑具，用来烹煮犯人）具后，见英风之益露。于琴得道机，于棋得兵机，于卦得神机，于兰得仙机。相禅遐思唐虞，战争大笑楚汉，梦中蕉鹿犹真，觉后蒬鲈一幻。

世界极于大千，不知大千之外更有何物；天宫极于非想，不知非想之上毕竟何穷。千载奇逢，无如好书良友；一生清福，只在茗碗炉烟。作梦则天地亦不醒，何论文章；为客则洪濛无主人，何有章句？

艳出浦之轻莲，丽穿波之半月。云气恍堆窗里岫，绝胜看山；泉声疑泻竹间樽，贤于对酒。杖底唯云，囊中唯月，不劳关市之讥；石笥藏书，池塘洗墨，岂供山泽之税。有此世界，必不可无此传奇；有此传奇，乃可维此世界，则传奇所关非小，正可借《西厢》一卷，以为风流谈资。

非穷愁不能著书，当孤愤不宜说剑。湖山之佳，无如清晓春时。当乘月至馆，景生残夜，水映岑楼，而翠黛临阶，吹流衣袂，莺声鸟韵，催起哄然。披衣步林中，则曙光薄户，明霞射几，轻风微散，海旭（早晨的阳光）乍来。见沿堤春草霏霏，明媚如织，远岫朗润出林，长江浩渺无涯，岚光晴气，舒展不一，大是奇绝。

心无机事，案有好书，饱食晏眠，时清体健，此是上界真人。读《春秋》，在人事上见天理；读《周易》，在天理上见人事。则何益矣，茗战有如酒兵；试妄言之，谈空不若说鬼。镜花水月，若使慧眼看透；笔彩剑光，肯教壮志销磨。

委形无寄，但教鹿豕为群；壮志有怀，莫遣草木同朽。哄日吐霞，吞河漱月，气开地震，声动天发。议论先辈，毕竟没学问之人；奖惜后生，定然关世道之寄。贫富之交，可以情谅，鲍子所以让金；贵贱之间，易以势移，管宁所以割席。

论名节，则缓急之事小；较生死，则名节之论微。但知为饿夫以采南山之薇，不必为枯鱼以需西江之水。儒有一亩之宫（语出《礼记·儒行》：儒有一亩之宫，环堵之室），自不妨草茅下贱；士无三寸之舌，何用此土木形骸。鹏为羽杰，鲲称介豪，翼遮半天，背负重霄。

　　怜之一字，吾不乐受，盖有才而徒受人怜，无用可知；傲之一字，吾不敢矜，盖有才而徒以资傲，无用可知。问近日讲章孰佳，坐一块蒲团自佳；问吾济严师孰尊，对一枝红烛自尊。点破无稽不根之论，只须冷语半言；看透阴阳颠倒之行，惟此冷眼一只。

　　古之钓也，以圣贤为竿，道德为纶，仁义为钩，利禄为饵，四海为池，万民为鱼。钓道微矣，非圣人其孰能之。既稍云于清汉，亦倒影于华池。浮云回度，开月影而弯环；骤雨横飞，挟星精而摇动。

　　天台杰起，绕之以赤霞；赤城孤峙，覆之以莲花。金河别雁，铜柱辞鸢，关山天骨，霜木凋年。翻飞倒影，擢菡萏于湖中；舒艳腾辉，攒蜉蝣于天畔。照万象于晴初，散寥天于日余。

卷九　集绮

朱楼绿幕，笑语勾别座之春，越舞吴歌，巧舌吐莲花之艳。此身如在怨脸愁眉、红妆翠袖之间，若远若近，为之黯然。嗟乎！又何怪乎身当其际者，拥玉床之翠而心迷，听伶人之奏而陨涕乎？集绮第九。

天台花好，阮郎却无计再来；巫峡云深，宋玉只有情空赋。瞻碧云之黯黯，觅神女其何踪；睹明月之娟娟，问嫦娥而不应。妆楼正对书楼，隔池有影；绣户相通绮户，望眼多情。莲开并蒂，影怜池上鸳鸯；缕结同心（同心结），日丽屏间孔雀。

堂上鸣琴，操久弹乎孤凤；邑中制锦（典出《晋书·列女传·窦滔妻苏氏》："（窦）滔，符坚时为秦州刺史，被徙流沙。（妻）苏氏思之，织锦为回文旋图诗以赠滔。

婉转循环以读之，词甚凄惋。"），纹重织于双鸾。镜想分鸾，琴悲别鹤。春透水波明，寒峭花枝瘦。极目烟中百尺楼，人在楼中否？明月当楼，高眠如避，惜哉夜光暗投；芳树交窗，把玩无主，嗟矣红颜薄命。

鸟语听其涩时，怜娇情之未啭；蝉声听已断处，愁孤节之渐消。断雨断云，惊魄三春蝶梦；花开花落，悲歌一夜鹃啼。衲子飞觞历乱，解脱于樽罍（古代青铜制的贮酒器）之间；钗行（代指女子）挥翰淋漓，风神在笔墨之外。

养纸芙蓉粉，薰衣豆蔻香。流苏帐底，披之而夜月窥人；玉镜台前，讽之而朝烟萦树。风流夸堕髻（一种发式），时世闻啼眉（一种妆容）。新垒桃花红粉薄，隔楼芳草雪衣凉。李后主宫人秋水，喜簪异花，芳拂髻鬓，尝有粉蝶聚其间，扑之不去。

耀足清流，芹香飞涧；浣花新水，蝶粉迷波。昔人有花中十友：桂为仙友，莲为净友，梅为清友，菊为逸友，海棠名友，荼蘼韵友，瑞香殊友，芝兰芳友，腊梅奇友，栀子禅友。昔人有禽中五客：鸥为闲客，鹤为仙客，鹭为雪客，孔雀南客，鹦鹉陇客。会花鸟之情，真是天趣活泼。

风笙龙管，蜀锦齐纨。木香盛开，把杯独坐其下，遥令青奴（青衣女仆）吹笛，止留一小奚（小奚奴）侍酒，才少斟酌便退，立迎春架后。花看半开，酒饮微醉。夜来月下卧醒，花影零乱，满人襟袖，疑如濯魄于冰壶。

看花步男子当作女人，寻花步女子当作男人。窗前俊石冷然，可代高人把臂，槛外名花绰约，无烦美女分香。新调初裁，歌儿持板待拍；阄题（以抓阄的方式选诗题）方启，佳人捧砚濡毫。绝世风流，当场豪举。

野花艳目，不必牡丹；村酒醉人，何须绿蚁。石鼓池边，小单无名可斗；板桥柳外，飞花有阵堪题。桃红李白，疏篱细雨初来；燕紫莺黄，老树斜风乍透。窗外梅开，喜有骚人弄笛；石边雪积，还须小妓烹茶。

高楼对月，邻女秋砧；古寺闻钟，山僧晓梵。佳人病怯，不耐春寒；豪客多情，犹怜夜饮。李太白之宝花宜障，孟光祖之狗窦堪呼。古人养笔，以硫黄酒；养纸，以芙蓉粉；养砚，以文绫盖；养墨，以豹皮囊。小斋何暇及此！惟有时书以养笔，时磨以养墨，时洗以养砚，时舒卷以养纸。

芭蕉，近日则易枯，迎风则易破。小院背阴，半掩竹窗，分外青翠。欧公香饼，吾其熟火无烟；颜氏隐囊（供人依靠的软枕），我则斗花以布。梅额生香（相传南朝宋武帝之女，寿阳公主日卧含章檐下，梅花落额上，成五出之花，挥之不去），已堪饮爵；草堂飞雪，更可题诗。七种之羹，呼起袁生之卧；六生之饼（六瓣雪花），敢迎王子之舟。豪饮竟日，赋诗而散。佳人半醉，美女新妆。月下弹琴，石边侍酒。烹雪之茶，果然剩有寒香；争春之馆，自是堪来花叹。

黄鸟让其声歌，青山学其眉黛。浅翠娇青，笼烟惹湿。清可漱齿，曲可流觞。风开柳眼，露泡桃腮，黄鹂呼春，青鸟送雨，海棠嫩紫，芍药嫣红，宜其春也。碧荷铸钱，绿柳缫丝，龙孙（笋）脱壳，鸠妇（一种鸟，相传快下雨的时候，雌鸟即被逐出巢，至晴始得归）唤晴，雨骤黄梅，日蒸绿李，宜其夏也。槐阴未断，雁信初来，秋英无言，晓露欲结，蓐收（西方之神，主秋）避席，青女（神话传说中的霜雪之神）办妆，宜其秋也。桂子风高，芦花月老，溪毛碧瘦，山骨苍寒，千岩见梅，一雪欲腊，宜其冬也。

　　风翻贝叶，绝胜北阙（古代宫殿北面的门楼，是大臣朝见或上书奏事的地方）除书；水滴莲花，何似华清宫漏。画屋曲房，拥炉列坐；鞭车行酒，分队征歌；一笑千金，樗蒲（赌博）百万；名妓持笺，玉儿捧砚；淋漓挥洒，水月流虹；我醉欲眠，鼠奔鸟窜；罗襦轻解，鼻息如雷。此一境界，亦足赏心。

　　柳花燕子，贴地欲飞；画扇练裙，避人欲进，此春游第一风光也。花颜缥缈，欺树里之春风；银焰荧煌，却城头之晓色。乌纱帽挟红袖登山（晋朝谢安，年轻时无意仕途，虽纵情丘壑，然每游赏，必以妓女从），前人自多风致。笔阵生云，词锋卷雾。楚江巫峡半云雨，清簟疏帘看弈棋。

美丰仪人，如三春新柳，濯濯风前。涧险无平石，山深足细泉。短松犹百尺，少鹤已千年。清文满筐，非惟芍药之花；新制连篇，宁止葡萄之树。梅花舒两岁之装，柏叶泛三光之酒（古时风俗，以柏叶浸酒，以祝长寿）。飘飘余雪，入箫管以成歌；皎洁轻冰，对蟾光而写镜。

鹤有累心犹被斥，梅无高韵也遭删。分果车中，毕竟借人家面孔；捉刀床侧（曹操将见匈奴使，疑己威武不够，使崔季珪代，自己捉刀立床侧，后遣人问匈奴使，魏王如何，匈奴使答："魏王雅望非常，然床头捉刀人，此乃英雄也。"），终须露自己心胸。雪滚飞花，缭绕歌楼，飘扑僧舍，点点共酒旆悠扬，阵阵追燕莺飞舞。沾泥逐水，岂特可入诗料，要知色身幻影，是即风里杨花、浮生燕垒。

水绿霞红处，仙犬忽惊人，吠入桃花去。九重仙诏，休教丹凤衔来；一片野心，已被白云留住。香吹梅渚千峰雪，清映冰壶百尺帘。避客偶然抛竹屦，邀僧时一上花船。到来都是泪，过去即成尘。

秋色生鸿雁，江声冷白蘋。斗草春风，才子愁销书带翠；采菱秋水，佳人疑动镜花香。竹粉映琅玕（竹子）之碧，胜新妆流媚，曾无掩面于花宫；花珠凝翡翠之盘，虽什袭非珍，可免探颔于龙藏（《庄子》载：深渊之中有巨龙，颔下游千金之珠，欲得之甚难，必等其睡后取之）。

因花整帽，借柳维船。绕梦落花消雨色，一尊芳草送晴昏。争春开宴，罢来花有叹声；水国谈经，听去鱼多乐意。无端泪下，三更山月老猿啼；蓦地娇来，一月泥香新燕语。燕子刚来，春光惹恨；雁臣甫聚，秋思惨人。

韩嫣金弹，误了饥寒人多少奔驰；潘岳果车（晋潘岳美姿容，每次登车出门，妇人都以果掷之满车），增了少年人多少颜色。微风醒酒，好雨催诗，生韵生情，怀颇不恶。苎罗村里（相传为西施出生地），对娇歌艳舞之山；若耶溪边，拂浓抹淡妆之水。春归何处，街头愁杀卖花；客落他乡，河畔生憎折柳（古人送别习俗）。

论到高华，但说黄金能结客；看来薄命，非关红袖懒撩人。同气之求，惟刺平原于锦绣；同声之应，徒铸子期以黄金。胸中不平之气，说倩山禽；世上叵测之心，藏之烟柳。祛长夜之恶魔，女郎说剑；销千秋之热血，学士谈禅。

论声之韵者，曰溪声、涧声、竹声、松声、山禽声、幽壑声、芭蕉雨声、落花声，皆天地之清籁，诗坛之鼓吹也，然销魂之听，当以卖花声为第一。石上酒花，几片湿云凝夜色；松间人语，数声宿鸟动朝喧。媚字极韵，出以清致，则窈窕但见风神，附以妖娆，则做作毕露丑态。如芙蓉媚秋水，绿箓（细的竹子）媚清涟，方不着迹。

武士无刀兵气，书生无寒酸气，女郎无脂粉气，山人无烟霞气，僧家无香火气，换出一番世界，便为世上不可少之人。情词之娴美，《西厢》以后，无如《玉合》《紫钗》《牡丹亭》三传。置之案头，可以挽文思之枯涩，收神情之懒散。

俊石贵有画意，老树贵有禅意，韵士贵有酒意，美人贵有诗意。红颜未老，早随桃李嫁春风；黄卷将残，莫向桑榆（晚年）怜暮景。销魂之音，丝竹不如着肉。然而风月山水间，别有清魂销于清响，即子晋（相传为周灵王太子，后得道成仙）之笙，湘灵之瑟，董双成之云璈，犹属下乘。娇歌艳曲，不尽混乱耳根。

风惊蟋蟀，闻织妇之鸣机，月满蟾蜍，见天河之弄杼。高僧筒里送信，突地天花坠落；韵妓扇头寄画，隔江山雨飞来。酒有难悬之色，花有独蕴之香。以此想红颜媚骨，便可得之格外。

客斋使令，翔七宝妆，理茶具，响松风于蟹眼（茶水初沸时的小气泡），浮雪花于兔毫。绝世风流，当场豪举。世路既如此，但有肝胆向人；清议可奈何，曾无口舌造业。花抽珠落，珠悬花更生。风来香转散，风度焰还轻。

　　莹以玉琇（玉石），饰以金英。绿荚悬插，红蕖倒生。浮沧海兮气浑，映青山兮色乱。纷黄庭之霏霏，隐重廊之窈窕。青陆至而莺啼，朱阳升而花笑。紫蒂红蕤，玉蕊苍枝。视莲潭之变彩，见松院之生凉；引惊蝉于宝瑟，宿兰燕于瑶筐。蒲团布衲，难于少时存老去之禅心；玉剑角弓，贵于老时任少年之侠气。

卷十　集豪

今世矩视尺步之辈，与夫守株待兔之流，是不束缚而阱者也。宇宙寥寥，求一豪者，安得哉？家徒四壁，一掷千金，豪之胆；兴酣落笔，泼墨千言，豪之才；我才必用，黄金复来，豪之语。夫豪既不可得，而后世倜傥之士，或以一言一字写其不平，又安与沉沉故纸同为销没乎！集豪第十。

桃花马上，春衫少年侠气；贝叶斋（佛寺）中，夜衲老去禅心。岳色江声，富煞胸中丘壑；松阴花影，争残局上山河。骥虽伏枥，足能千里；鹄即垂翅，志在九霄。个个题诗，写不尽千秋花月；人人作画，描不完大地江山。

慷慨之气，龙泉（古代宝剑）知我；忧煎之思，毛颖

（毛笔）解人。不能用世而故为玩世，只恐遇着真英雄；不能经世而故为欺世，只好对着假豪杰。绿酒但倾，何妨易醉；黄金既散，何论复来。诗酒兴将残，剩却楼头几明月；登临情不已，平分江上半青山。

闲行消白日，悬李贺呕字之囊；搔首问青天，携谢脁惊人之句。假英雄专映（小声轻吹）不鸣之剑，若尔锋铓，遇真人而落胆；穷豪杰惯作无米之炊，此等作用，当大计而扬眉。深居远俗，尚愁移山有文（南齐孔稚圭曾撰文《北山移文》讽刺与其一起隐居的人违背前约，热衷名利，实非真隐）；纵饮达旦，犹笑醉乡无记。

风会口靡，试具宋广平之石肠；世道莫容，请收姜伯约之大胆。藜床半穿，管宁真吾师乎；轩冕必顾，华歆询非友也。车尘马足之下，露出丑形，深山穷谷之中，剩些真影。吐虹霓之气者，贵挟风霜之色；依日月之光者，毋怀雨露之私。清襟凝远，卷秋江万顷之波；妙笔纵横，挽昆仑一峰之秀。

闻鸡起舞，刘琨其壮士之雄心乎；闻筝起舞（佛教歌舞之神，能妙音鼓琴，不堪于坐，起而舞），迦叶其开士之素心乎？友遍天下英杰人士，读尽人间未见之书。读书倦时须看剑，英发之气不磨；作文苦际可歌诗，郁结之怀随畅。交友须带三分侠气，作人要存一点素心。

栖守道德者，寂寞一时；依阿权变者，凄凉万古。深山穷谷，能老经济才猷；绝壑断崖，难隐灵文奇字。王门之杂吹非竽，梦连魏阙（古宫内的外门，为宣布法令之处）；郢路之飞声无调，羞向楚囚。肝胆煦若春风，虽囊乏一文，还怜茕独气骨，清如秋水。

献策金门（向皇帝献策）苦未收，归心日夜水东流。扁舟载得愁千斛，闻说君王不税愁。世事不堪评，掩卷神游千古上；尘氛应可却，闭门心在万山中。

负心满天地，辜他一片热肠；变态自古今，悬此两只冷眼。龙津一剑，尚作合于风雷。胸中数万甲兵，宁终老于牖下。此中空洞原无物，何止容卿数百人

（《世说新语·排调》载："王丞相枕周伯仁膝，指其腹曰：'卿此中何所有？'答曰：'此中空洞无物，然容卿辈数百人。'"）。英雄未转之雄图，假糟丘（喻沉迷于酒色）为霸业；风流不尽之余韵，托花谷为深山。红润口脂，花蕊乍过微雨；翠匀眉黛，柳条徐拂轻风。

满腹有文难骂鬼，措身无地反忧天。大丈夫居世，生当封侯，死当庙食。不然，闲居可以养志，诗书足以自娱。不恨我不见古人，惟恨古人不见我。荣枯得丧，天意安排，浮云过太虚也；用舍行藏，吾心镇定，砥柱在中流乎？

曹曾积石为仓以藏书，名曹氏石仓。丈夫须有远图，眼孔如轮，可怪处堂燕雀（指身处危险而不知）；豪杰宁无壮志，风棱似铁，不忧当道豺狼（语见《汉书·孙宝传》"豺狼横道，不宜复问狐狸"）。云长香火，千载遍于华夷；坡老（苏东坡）姓名，至今口于妇孺。意气精神，不可磨灭。

据床嗒尔，听豪士之谈锋；把盏惺然，看酒人之醉态。登高远眺，吊古寻幽，广胸中之丘壑，游物外之文章。雪霁清境，发于梦想。此间但有荒山大江，修竹古木。每饮村酒后，曳杖放脚，不知远近，亦旷然天真。

须眉之士，在世宁使乡里小儿怒骂，不当使乡里小儿见怜。胡宗宪读《汉书》，至终军请缨事，乃起拍案曰："男儿双脚当从此处插入，其他皆狼藉耳！"宋海翁才高嗜酒，睥睨当世。忽乘醉泛舟海上，仰天大笑，曰："吾七尺之躯，岂世间凡士所能贮？合以大海葬之耳！"遂按波而入。

王仲祖有好形仪，每览镜自照，曰："王文开那生宁馨儿？"毛澄七岁善属对，诸喜之者赠以金钱，归掷之曰，"吾犹薄苏秦斗大，安事此邓通靡靡！"梁公实荐一士于李于麟，士欲以谢梁，曰："吾有长生术，不惜为公授。"梁曰："吾名在天地间，只恐盛着不了，安用长生！"

《瑶池献寿图》　刘松年

立轴绢本设色　纵198.7cm　横109.1cm

现藏台北故宫博物院藏

《雪溪放艇图》 钟钦礼

立轴绢本墨笔 纵179.8cm 横103.2cm

现藏于北京故宫博物院

吴正子穷居一室，门环流水，跨木而渡，渡毕即抽之。人问故，笑曰："土舟浅小，恐不胜富贵人来踏耳！"吾有目有足，山川风月，吾所能到，我便是山川风月主人。大丈夫当雄飞，安能雌伏？

青莲（李白，号青莲居士）登华山落雁峰，曰："呼吸之气，相通帝座。恨不携谢朓惊人之句来，搔首问青天耳！"志欲枭逆虏，枕戈待旦，常恐祖生，先我着鞭。旨言不显，经济多托之工瞽（乐人）刍荛（割草打柴者）；高踪不落，英雄常混之渔樵耕牧。

高言成啸虎之风，豪举破涌山之浪。立言者，未必即成千古之业，吾取其有千古之心；好客者，未必即尽四海之交，吾取其有四海之愿。管城子无食肉相，世人皮相何为；孔方兄（钱币）有绝交书，今日盟交安在。襟怀贵疏朗，不宜太逞豪华；文字要雄奇，不宜故求寂寞。悬榻（典出《后汉书·徐稚传》："县（陈）蕃在郡，不接宾客，唯稚来，特设一榻，去则县（悬）之。"）待贤士，岂曰交情已乎；投辖（典出《汉书·游侠传》："（陈）遵嗜酒，每大饮，宾客满堂，辄关门，取客车辖投井中，虽有急终不得去。）留好宾，不过酒兴而已。

才以气雄，品由心定。为文而欲一世之人好，吾悲其为文；为人而欲一世之人好，吾悲其为人。济笔海则为舟航，骋文囿则为羽翼。胸中无三万卷书，眼中无天下奇山川，未必能文。纵能，亦无豪杰语耳。

山厨失斧，断之以剑。客至无枕，解琴自供。盥盆溃散，罄为注洗。盖不暖足，覆之以蓑。孟宗少游学，其母制十二幅被，以招贤士共卧，庶得闻君子之言。张烟雾于海际，耀光景于河渚；乘天梁而浩荡，叩帝阁而延伫。

声誉可尽，江天不可尽；丹青可穷，山色不可穷。闻秋空鹤唳，令人逸骨仙仙；看海上龙腾，觉我壮心勃勃。明月在天，秋声在树，珠箔卷啸倚高搂；苍苔在地，春酒在壶，玉山颓醉眠芳草。

　　胸中自是奇，乘风破浪，平吞万顷苍茫；脚底由来阔，历险穷幽，飞度千寻杳霭。松风涧雨，九霄外声闻环佩，清我吟魂；海市蜃楼，万水中一幅画图，供吾醉眼。每从白门归，见江山逶迤，草木苍郁。人常言佳，我觉是别离人肠中一段酸楚气耳。

　　人每诔余腕中有鬼，余谓鬼自无端入吾腕中，吾腕中未尝有鬼也。人每责余目中无人，余谓人自不屑入吾目中，吾目中未尝无人也。天下无不虚之山，惟虚故高而易峻；天下无不实之水，惟实故流而不竭。

　　放不出憎人面孔，落在酒杯：丢不下怜世心肠，寄之诗句。春到十千美酒，为花洗妆；夜来一片名香，与月熏魄。忍到熟处则忧患消，谈到真时则天地赘。醺醺熟读《离骚》，孝伯外敢曰并皆名士；碌碌常承色笑，阿奴辈果然尽是佳儿。

　　剑雄万敌，笔扫千军。飞禽铩翮（失败的意思），犹爱惜乎羽毛；志士捐生，终不忘乎老骥。敢于世上放开眼，不向人间浪皱眉。缥缈孤鸿，影来窗际，开户从之，明月入怀，花枝零乱，朗吟枫落吴江之句，令人凄绝。

云破月窥花好处，夜深花睡月明中。三春花鸟犹堪赏，千古文章只自知。文章自是堪千古，花鸟三春只几时。士大夫胸中无三斗墨，何以运管城？然恐酝酿宿陈，出之无光泽耳。攫金于市者，见金而不见人；剖身藏珠者（本末倒置之意），爱珠而忘自爱。与夫决性命以饕富贵，纵嗜欲以损生者何异？

说不尽山水好景，但付沉吟；当不起世态炎凉，惟有闭户。杀得人者，方能生人。有恩者，必然有怨。若使不阴不阳，随世披靡，肉菩萨出世，于世何补？此生何用？李太白云："天生我材必有用，黄（千）金散尽还复来。"杜少陵云："一生性僻耽佳句，语不惊人死不休。"豪杰不可不解此语。

天下固有父兄不能囿之豪杰，必无师友不可化之愚蒙。谐友于天伦之外，元章（宋代书画大家米芾）呼石为兄；奔走于世途之中，庄生（庄周）喻尘以马。词人半肩行李，收拾秋水春云；深宫一世梳妆，恼乱晚花新柳。得意不必人知，兴来书自圣；纵口何关世议，醉后语犹颠。

英雄尚不肯以一身受天公之颠倒，吾辈奈何以一身受世人之提掇？是堪指发，未可低眉。能为世必不可少之人，能为人必不可及之事，则庶几此生不虚。儿女情，英雄气，并行不悖；或柔肠，或侠骨，总是吾徒。

上马横槊，下马作赋，自是英雄本色；熟读《离骚》，痛饮浊酒，果然名士风流。诗狂空古今，酒狂空天地。处世当于热地思冷，出世当于冷地求热。我辈腹中之气，亦不可少，要不必用耳。若蜜口，真妇人事哉。

办大事者，匪独以意气胜，盖亦其智略绝也，故负气雄行，力足以折公侯，出奇制算，事足以骇耳目。如此人者，俱千古矣。嗟嗟！今世徒虚语耳。说剑谈兵，今生恨少封侯骨；登高对酒，此日休吟烈士歌。

身许为知己死一剑，夷门到今侠骨香仍古；腰不为督邮折五斗，彭泽从古高风清至今。剑击秋风，四壁如闻鬼啸；琴弹夜月，空山引动猿号。壮志愤懑难消，高人情深一往。先达笑弹冠，休向侯门轻曳裾（投靠达官贵人）；相知犹按剑，莫从世路暗投珠。

卷十一　集法

自方袍（本指僧袍，宋明以来，道学家如此打扮）幅巾之态，遍满天下，而超脱颖绝之士，遂以同污合流矫之，而世道不古矣。夫迂腐者，既泥于法，而超脱者，又越于法，然则士君子亦不偏不倚，期无所泥越则已矣，何必方袍幅巾，作此迂态耶！集法第十一。

一心可以交万友，二心不可以交一友。凡事留不尽之意则机圆，凡物留不尽之意则用裕，凡情留不尽之意则味深，凡言留不尽之意则致远，凡兴留不尽之意则趣多，凡才留不尽之意则神满。

有世法，有世缘，有世情。缘非情，则易断；情非法，则易流。世多理所难必之事，莫执宋人道学；世多情所难通之事，莫说晋人风流。与其以衣冠误国，不若以布衣关世；与其以林下而矜冠裳，不若以廊庙而标泉石（仰慕隐逸生活）。

眼界愈大，心肠愈小；地位愈高，举止愈卑。少年人要心忙，忙则摄浮气；老年人要心闲，闲则乐余年。晋人清谈，宋人理学，以晋人遗俗，以宋人裋躬（安身），合之双美，分之两伤也。莫行心上过不去事，莫存事上行不去心。

忙处事为，常向闲中先检点；动时念想，预从静里密操持。青天白日处节义，自暗室屋漏处培来；旋转乾坤的经纶，自临深履薄（形容危惕不安）处操出。以积货财之心积学问，以求功名之念求道德，以爱子女之心爱父母，以保爵位之策保国家。

才智英敏者，宜以学问摄其躁；气节激昂者，当以德性融其偏。何以下达，惟有饰非；何以上达，无如改过。一点不忍的念头，是生民生物之根芽；一段不为的气象，是撑天撑地之柱石。

君子对青天而惧，闻雷霆而不惊；履平地而恐，涉风波而不疑。不可乘喜而轻诺，不可因醉而生嗔；不可乘快而多事，不可因倦而鲜终。意防虑如拨，口防言如遏，身防染如夺，行防过如割。

白沙在泥，与之俱黑，渐染之习久矣；他山之石，可以攻玉，切磋之力大焉。后生辈胸中，落意气两字，有以趣胜者，有以味胜者。然宁饶于味，而无饶于趣。芳树不用买，韶光贫可支。

寡思虑以养神，剪欲色以养精，靖言语以养气。立身高一步方超达，处世退一步方安乐。土君子贫不能济物者，遇人痴迷处，出一言提醒之，遇人急难处，出一言解救之，亦是无量功德。

救既败之事者，如驭临崖之马，休轻策一鞭；图垂成之功者，如挽上滩之舟，莫少停一桌。是非邪正之交，少迁就则失从违之正；利害得失之会，太分明则起趋避之嫌。事系幽隐，要思回护他，着不得一点攻讦的念头；人属寒微，要思矜礼他，着不得一毫傲睨的气象。

毋似小嫌而疏至戚，勿以新怨而忘旧恩。礼义廉耻，可以律己，不可以绳人。律己则寡过，绳人则寡合。凡事韬晦，不独益己，抑且益人；凡事表暴，不独损人，抑且损己。觉人之诈，不形于言；受人之侮，不动于色。此中有无穷意味，亦有无穷受用。

爵位不宜太盛，太盛则危；能事不宜尽毕，尽毕则衰。遇故旧之交，意气要愈新；处隐微之事，心迹宜愈显；待衰朽之人，恩礼要愈隆。用人不宜刻，刻则思效者去；交友不宜滥，滥则贡谀者来。

忧勤是美德，太苦则无以适性怡情；澹泊是高风，太枯则无以济人利物。作人要脱俗，不可存一矫俗之心；应世要随时，不可起一趋时之念。富贵之家，常有穷亲戚往来，便是忠厚。

从师延名士，鲜垂教之实益；为徒攀高第，少受诲之真心。男子有德便是才，女子无才便是德。病中之趣味，不可不尝；穷途之景界，不可不历。才人国士，既负不群之才，定负不羁之行，是以才稍压众则忌心生，行稍违时则侧目至。死后声名，空誉墓中之骸骨；穷途潦倒，谁怜宫外之蛾眉（指因年老色衰被逐出宫的女子）。

贵人之交贫士也，骄色易露；贫士之交贵人也，傲骨当存。君子处身，宁人负己，己无负人；小人处事，宁己负人，无人负己。砚神曰淬妃，墨神曰回氏，纸神曰尚卿，笔神曰昌化，又曰佩阿。

要治世，半部《论语》；要出世，一卷《南华》。祸莫大于纵己之欲，恶莫大于言人之非。求见知于人世易，求真知于自己难；求粉饰于耳目易，求无愧于隐微难。圣人之言，须常将来（拿来）眼头过，口头转，心头运。

与其巧持于末，不若拙戒于初。君子有三惜：此生不学，一可惜；此日闻过，二可惜；此身一败，三可惜。昼观诸妻子，夜卜诸梦寐。两者无愧，始可言学。

士大夫三日不读书，则礼义不交，便觉面目可憎，语言无味。

与其蜜面交，不若亲谅友（诚实正直的朋友）；与其施新恩，不若还旧债。士人当使王公闻名多而识面少，宁使王公讶其不来，毋使王公厌其不去。见人有得意事，便当生忻喜心；见人有失意事，便当生怜悯心：皆自己真实受用处。忌成乐败，徒自坏心术耳。

恩重难酬，名高难称。待客之礼，当存古意，止一鸡一黍，酒数行，食饭而罢。以此为法。处心不可着，着则偏；作事不可尽，尽则穷。士人所贵，节行为大。轩冕失之，有时而复来；节行失之，终身不可得矣。

势不可倚尽，言不可道尽，福不可享尽，事不可处尽，意味偏长。静坐然后知平日之气浮，守默然后知平日之言躁，省事然后知平日之贵闲，闭户然后知平日之交滥，寡欲然后知平日之病多，近情然后知平日之念刻。喜时之言多失信，怒时之言多失体。

泛交则多费，多费则多营，多营则多求，多求则多辱。一字不可轻与人，一言不可轻语人，一笑不可轻假人。正以处心，廉以律己，忠以事君，恭以事长，信以接物，宽以待下，敬以治事，此居官之七要也。

圣人成大事业者，从战战兢兢之小心来。酒入舌出，舌出言失，言失身弃。余以为弃身，不如弃酒。青天白日，和风庆云，不特人多喜色，即鸟鹊且有好音。若暴风怒雨，疾雷幽电，鸟亦投林，人皆闭户。故君子以太和元气为主。

胸中落意气两字，则交游定不得力；落骚雅二字，则读书定不得深心。交友之先宜察，交友之后宜信。惟俭可以助廉，惟恕可以成德。惟书不问贵贱贫富老少，观书一卷，则增一卷之益；观书一日，则有一日之益。

坦易其心胸，率真其笑语，疏野其礼数，简少其交游。好丑不可太明，议论不可务尽，情势不可殚竭，好恶不可骤施。不风之波，开眼之梦，皆能增进道心。开口讥诮人，是轻薄第一件，不惟丧德，亦足丧身。

人之恩可念不可忘，人之仇可忘不可念。不能受言者，不可轻与一言，此是善交法。君子于人，当于有过中求无过，不当于无过中求有过。我能容人，人在我范围，报之在我，不报在我；人若容我，我在人范围，不报不知，报之不知。自重者然后人重，人轻者由我自轻。

高明性多疏脱，须学精严；狷介常苦迂拘，当思圆转。欲做精金美玉的人品，定从烈火锻来；思立揭地掀天的事功，须向薄冰履过。性不可纵，怒不可留，语不可激，饮不可过。能轻富贵，不能轻一轻富贵之心，能重名义，又复重一重名义之念，是事境之尘氛未扫，而心境之芥蒂未忘。此处拔除不净，恐石去而草复生矣。

纷扰固溺志之场，而枯寂亦槁心之地。故学者当栖心玄默，以宁吾真体；亦当适志恬愉，以养吾圆机。昨日之非不可留，留之则根烬复萌，而尘情终累乎理趣；今日之是不可执，执之则渣滓未化，而理趣反转为欲根。

待小人不难于严，而难于不恶；待君子不难于恭，而难于有礼。市私恩，不如扶公义；结新知，不如敦旧好；立荣名，不如种隐德；尚奇节，不如谨庸行。有一念而犯鬼神之忌，一言而伤天地之和，一事而酿子孙之祸者，最宜切戒。

不实心，不成事；不虚心，不知事。老成人受病，在作意步趋；少年人受病，在假意超脱。为善有表里始终之异，不过假好人；为恶无表里始终之异，倒是硬汉子。入心处咫尺玄门，得意时千古快事。

《水浒传》无所不有，却无破老一事，非关缺陷，恰是酒肉汉本色。如此益知作者之妙。世间会讨便宜人，必是吃过亏者。书是同人，每读一篇，自觉寝食有味；佛为老友，但窥半偈，转思前境真空。

衣垢不涴（洗），器缺不补，对人犹有惭色；行垢不涴，德缺不补，对天岂无愧心！天地俱不醒，落得昏沉醉梦；洪濛率是客，枉寻寥廓主人。老成人必典必则，

半步可规；气闷人不吐不茹（不吞不吐，含混不清），一时
难对。

重友者，交时极难，看得难，以故转重；轻友者，
交时极易，看得易，以故转轻。近以静事而约己，远以
惜福而延生。掩户焚香，清福已具。如无福者，定生他
想。更有福者，辅以读书。

国家用人，犹农家积粟。粟积于丰年，乃可济饥；
才储于平时，乃可济用。考人品，要在五伦上见。此处
得，则小过不足疵；此处失，则众长不足录。国家尊名
节，奖恬退，虽一时未见其效，然当患难仓卒之际，终
赖其用。如禄山之乱，河北二十四郡皆望风奔溃，而抗
节不挠者，止一颜真卿，明皇初不识其人，则所谓名节
者，亦未尝不自恬退中得来也。故奖恬退者，乃所以励
名节。

志不可一日坠，心不可一日放。辩不如讷，语不如
默，动不如静，忙不如闲。以无累之神，合有道之器，

宫商暂离，不可得已。精神清旺，境境都有会心；志气昏愚，处处俱成梦幻。

酒能乱性，佛家戒之；酒能养气，仙家饮之。余于无酒时学佛，有酒时学仙。烈士不馁，正气以饱其腹；清士不寒，青史以暖其躬（不会因为贪图享乐而在历史上留下坏名声）；义士不死，天君以生其骸。总之心悬胸中之日月，以任世上之风波。

孟郊有句云："青山碾为尘，白日无闲人。"于邺云："白日若不落，红尘应更深。"又云："如逢幽隐处，似遇独醒人。"王维云："行到水穷处，坐看云起时。"又云："明月松间照，清泉石上流。"皎然云："少时不见山，便觉无奇趣。"每一吟讽，逸思翩翩。

卷十二　集倩

倩不可多得，美人有其韵，名花有其致，青山绿水有其丰标。外则山臞（清瘦姿容）韵士，当情景相会之时，偶出一语，亦莫不尽其韵，极其致，领略其丰标。可以启名花之笑，可以佐美人之歌，可以发山水之清音，而又何可多得！集倩第十二。

会心处，自有濠濮间想，然可亲人鱼鸟；偃卧时，便是羲皇上人，何必秋月凉风。一轩明月，花影参差，席地便宜小酌；十里青山，鸟声断续，寻春几度长吟。入山采药，临水捕鱼，绿树阴中鸟道；扫石弹琴，卷帘看鹤，白云深处人家。

沙村竹色，明月如霜，携幽人杖藜（拄杖而行）散步；石屋松阴，白云似雪，对孤鹤扫榻高眠。焚香看树，人事都尽，隔帘花落，松梢月上，钟声忽度；推窗仰视，河汉流云，大胜昼时，非有洗心涤虑得意爻象之表者，不可独契此语。

纸窗竹屋，夏葛冬裘，饭后黑甜，日中白醉，足矣！收碣石之宿雾，敛苍梧之夕云。八月灵槎（《博物志》载：天河与海通，近世有人居海滨者，年年八月有浮槎去来，不失期。），泛寒光而静去；三山神阙，湛清影以遥连。空三楚之暮天，楼中历历；满六朝之故地，草际悠悠。

秋水岸移新钓舫，藕花洲拂旧荷裳。心深不灭三年字，病浅难销寸步香。赵飞燕歌舞自赏，仙风留于绉裙；韩昭侯颦笑不轻，俭德昭于敝裤。皆以一物著名，局面相去甚远。翠微僧至，衲衣皆染松云；斗室残经，石磬半沉蕉雨。

黄鸟情多，常向梦中呼醉客；白云意懒，偏来僻处媚幽人。乐意相关禽对语，生香不断树交花，是无彼无此真机；野色更无山隔断，天光常与水相连，此彻上彻下真境。美女不尚铅华，似疏云之映淡月；禅师不落空寂，若碧沼之吐青莲。

书者喜谈画，定能以画法作书；酒人好论茶，定能以茶法饮酒。诗用方言，岂是采风之子；谈邻俳语，恐贻拂麈（一种器具，这里代指高士文人）之羞。肥壤植梅花，茂而其韵不古；沃土种竹枝，盛而其质不坚。竹径松篱，尽堪娱目，何非一段清闲；园亭池榭，仅可容身，便是半生受用。

南涧科头，可任半帘明月；北窗坦腹，还须一榻清风。披帙横风榻，邀棋坐雨窗。洛阳每遇梨花时，人多携酒树下，曰："为梨花洗妆。"绿染林皋，红销溪水。几声好鸟斜阳外，一簇春风小院中。

有客到柴门，清尊开江上之月；无人剪蒿径，孤榻对雨中之山。恨留山鸟，啼百卉之春红；愁寄陇云，锁四天之暮碧。涧口有泉常饮鹤，山头无地不栽花。双杵茶烟，具载陆君之灶；半床松月，且窥扬子之书。

　　寻雪后之梅，几忙骚客；访霜前之菊，颇惬幽人。帐中苏合（一种香），全消雀尾之炉；槛外游丝，半织龙须之席。瘦竹如幽人，幽花如处女。晨起推窗，红雨乱飞，闲花笑也；绿树有声，闲鸟啼也；烟岚灭没，闲云度也；藻荇可数，闲池静也；风细帘青，林空月印，闲庭峭也。山扉昼扃，而剥啄每多闲侣；帖括（科举应试的文章）因人，而几案每多闲编。绣佛长斋，禅心释谛，而念多闲想，语多闲词。闲中滋味，淘足乐也。

　　鄙吝一消，白云亦可赠客；渣滓尽化，明月亦来照人。水流云在，想子美千载高标；月到风来，忆尧夫一时雅致。何以消天下之清风朗月，酒盏诗筒；何以谢人间之覆雨翻云，闭门高卧。高客留连，花木添清疏之致；幽人剥啄，莓苔生淡冶之容。

　　雨中连榻，花下飞觞。进艇长波，散发弄月。紫箫玉笛，飒起中流。白露可餐，天河在袖。午夜箕踞松下，依依皎月，时来亲人，亦复快然自适。香宜远焚，茶宜旋煮，山宜秋登。中郎赏花云："茗赏上也，谈赏次也，酒赏下也。茶越而酒崇，及一切庸秽凡俗之语，此花神之深恶痛斥者。宁闭口枯坐，勿遭花恼可也。"

赏花有地有时，不得其时而漫然命客，皆为唐突。寒花宜初雪，宜雨霁，宜新月，宜暖房；温花宜晴日，宜轻寒，宜华堂；暑花宜雨后，宜快风，宜佳木浓阴，宜竹下，宜水阁；凉花宜爽月，宜夕阳，宜空阶，宜苔径，宜古藤巉石边。若不论风日，不择佳地，神气散缓，了不相属，比于妓舍酒馆中花，何异哉！

云霞争变，风雨横天，终日静坐，清风洒然。妙笛至山水佳处，马上临风，快作数弄。心中事，眼中景，意中人。园花按时开放，因即其佳称待之以客。梅花索笑客，桃花销恨客，杏花倚云客，水仙凌波客，牡丹酣酒客，芍药占春客，萱草忘忧客，莲花禅社客，葵花丹心客，海棠昌州客，桂花青云客，菊花招隐客，兰花幽谷客，酴醾清叙客，腊梅远寄客。须是身闲，方可称为主人。

马蹄入树鸟梦坠，月色满桥人影来。无事当看韵书，有酒当邀韵友。红寥滩头，青林古岸，西风扑面，风雪打头，披蓑顶笠，执竿烟水，俨然在米芾《寒江独钓图》中。冯惟一以杯酒自娱，酒酣即弹琵琶，弹罢赋诗，诗成起舞。时人爱其俊逸。

风下松而合曲，泉萦石而生文。秋风解缆，极目芦苇，白露横江，情景凄绝。孤雁惊飞，秋色远近，泊舟卧听，沽酒呼卢（赌博），一切尘事，都付秋水芦花。设禅榻二，一自适，一待朋。朋若未至，则悬之。敢曰："陈蕃之榻，悬待孺子，长史之榻，专设休源。"亦惟禅榻之侧，不容着俗人膝耳。诗魔酒颠，赖此榻祛醒。

流连野水之烟，淡荡寒山之月。春夏之交，散行麦野；秋冬之际，微醉稻场。欣看麦浪之翻银，称翠直侵衣带；快睹稻香之覆地，新醅欲溢尊罍。每来得趣于庄村，宁去置身于草野。

羁客在云村，蕉雨点点，如奏笙竽，声极可爱。山人读《易》、《礼》，斗后（方外）骑鹤以至，不减闻《韶》也。阴茂树，濯寒泉，溯冷风，宁不爽然洒然！韵言一展卷间，恍坐冰壶而观龙藏（佛经）。春来新笋，细可供茶；雨后奇花，肥堪待客。

赏花须结豪友，观妓须结淡友，登山须结逸友，泛舟须结旷友，对月须结冷友，待雪须结艳友，捉酒须结韵友。问客写药方，非关多病；闭门听野史，只为偷闲。岁行尽矣，风雨凄然，纸窗竹屋，灯火青荧，时于此间得小趣。

山鸟每夜五更喧起五次，谓之报更，盖山间率真漏声也。分韵题诗，花前酒后；闭门放鹤，主去客来。插花着瓶中，令俯仰高下，斜正疏密，皆存意态，得画家写生之趣，方佳。法饮宜舒，放饮宜雅，病饮宜小，愁饮宜醉，春饮宜郊，夏饮宜庭，秋饮宜舟，冬饮宜室，夜饮宜月。

甘酒以待病客，辣酒以待饮客，苦酒以待豪客，淡酒以待清客，浊酒以待俗客。仙人好楼居，须岩峣（山势高峻的样子）轩敞，八面玲珑，舒目披襟，有物外之观，霞表之胜。宜对山，宜临水；宜待月，宜观霞；宜夕阳，宜雪月；宜岸帻（推起头巾，露出额头）观书，宜倚栏吹笛；宜焚香静坐；宜挥麈清谈。江干宜帆影，山郁宜烟岚；院落宜杨柳，寺观宜松篁；溪边宜渔樵、宜鹭鸶，花前宜娉婷、宜鹦鹉；宜翠雾霏微，宜银河清浅；宜万里无云，长空如洗，宜千林雨过，叠嶂如新；宜高插江天，宜斜连城郭；宜开窗眺海日，宜露顶卧天风；宜啸，宜咏，宜终日敲棋；宜酒，宜诗，宜清宵对榻。

良夜风清，石床独坐，花香暗度，松影参差。黄鹤楼可以不登，张怀民可以不访，《满庭芳》可以不歌。茅屋竹窗，一榻清风邀客；茶炉药灶，半帘明月窥人。娟娟花露，晓湿芒鞋；瑟瑟松风，凉生枕簟（枕席）。

绿叶斜披，桃叶渡头（古渡口），一片弄残秋月；青帘高挂，杏花村里，几回典却春衣。杨花飞入珠帘，脱巾洗砚；诗草吟成锦字，烧竹煎茶。良友相聚，或解衣盘礴，或分韵角险，顷之貌出青山，吟成丽句，从旁品题之，大是开心事。

木枕傲，石枕冷，瓦枕粗，竹枕鸣。以藤为骨，以漆为肤，其背圆而滑，其额方而通。此蒙庄（庄子）之蝶庵，华阳之睡几。小桥月上，仰盼星光，浮云往来，掩映于牛渚之间，别是一种晚眺。

医俗病莫如书，赠酒狂莫如月。明窗净几，好香苦茗，有时与高衲谈禅；豆棚菜圃，暖日和风，无事听友人说鬼。花事乍开乍落，月色乍阴乍晴，兴未阑，踌躇搔首；诗篇半拙半工，酒态半醒半醉，身方健，潦倒放怀。

弯月宜寒潭，宜绝壁，宜高阁，宜平台，宜窗纱，宜帘钩；宜苔阶，宜花砌，宜小酌，宜清谈，宜长啸，宜独往，宜搔首，宜促膝。春月宜尊罍（酒杯），夏月宜枕簟，秋月宜砧杵，冬月宜图书。楼月宜萧，江月宜笛，寺院月宜笙，书斋月宜琴。闺闱月宜纱橱，勾栏月宜弦索；关山月宜帆樯，沙场月宜刁斗。花月宜佳人，松月宜道者，萝月宜隐逸，桂月宜俊英；山月宜老衲，湖月宜良朋，风月宜杨柳，雪月宜梅花。片月宜花梢，宜楼头，宜浅水，宜杖藜，宜幽人，宜孤鸿。满月宜江边，宜苑内，宜绮筵，宜华灯，宜醉客、宜妙妓。

佛经云："细烧沉水，毋令见火。"此烧香三昧语。石上藤萝，墙头薜荔，小窗幽致，绝胜深山，加以明月清风，物外之情，尽堪闲适。出世之法，无如闭关。计一圆手掌大，草木蒙茸，禽鱼往来，矮屋临水，展书匡坐，几于避秦，与人世隔。

山上须泉，径中须竹。读史不可干酒，谈禅不可无美人。幽居虽非绝世，而一切使令供具交游晤对之事，似出世外。花为婢仆，鸟为笑谈；溪漱涧流代酒肴烹炼，书史作师保（古时协助帝王的官员），竹石质友朋；雨声云影，松风萝月，为一时豪兴之歌舞。情景固浓，然亦清趣。

蓬窗夜启，月白于霜，渔火沙汀，寒星如聚。忘却客于作楚，但欣烟水留人。无欲者其言清，无累者其言达。口耳异人，灵窍忽启，故曰不为俗情所染，方能说法度人。临流晓坐，欸乃忽闻，山川之情，勃然不禁。

舞罢缠头何所赠，折得松钗（松叶）；饮余酒债莫能偿，拾来榆荚（榆树的果实）。午夜无人知处，明月催诗；三春有客来时，香风散酒。如何清色界，一泓碧水含空；那可断游踪，半砌青苔滞雨。村花路柳，游子衣上之尘；山雾江云，行李担头之色。

何处得真情，买笑不如买愁；谁人效死力，使功不如使过。芒鞋甫挂，忽想翠微之色，两足复绕山云；兰棹方停，忽闻新涨之波，一叶仍飘烟水。旨愈浓而情愈淡者，霜林之红树；臭愈近而神愈远者，秋水之白蘋。

龙女濯冰绡，一带水痕寒不耐；姮娥携宝药，半囊月魄影犹香。山馆秋深，野鹤唳残清夜月；江园春暮，杜鹃啼断落花风。石洞寻真，绿玉嵌乌藤之杖；苔矶垂钓，红翎间白鹭之蓑。

晚村人语，远归白社之烟；晓市花声，惊破红楼之梦。案头峰石，四壁冷浸烟云，何与胸中丘壑；枕边溪声，半榻寒生瀑布，争如舌底鸣泉。扁舟空载，赢却关津不税愁；孤杖深穿，揽得烟云闲入梦。

幽堂昼密，清风忽来好伴；虚窗夜朗，明月不减故人。晓入梁王之苑，雪满群山；夜登庾亮之楼，月明千里。名妓翻经，老僧酿酒，书生借箸，谈兵介胄，登高作赋，羡他雅致偏增；屠门食素，狙侩（狡猾）论文，厮养盛服，领缘方外，束修怀刺（备礼拜见权贵），令我风流顿减。

高卧酒楼，红日不催诗梦醒；漫书花榭，白云恒带墨痕香。相美人如相花，贵清艳而有若远若近之思；看高人如看竹，贵潇洒而有不密不疏之致。梅称清绝，多却罗浮一段妖魂；竹本萧疏，不耐湘妃数点愁泪。

穷秀才生活，整日荒年；老山人出游，一派熟路。眉端扬未得，庶几在山月吐时；眼界放开来，只好向水云深处。刘伯伦携壶荷锸，死便埋我，真酒人哉；王武仲闭关护花，不许踏破，直花奴耳。

　　一声秋雨，一行秋雁，消不得一室清灯；一月春花，一池春草，绕乱却一生春梦。夭桃红杏，一时分付东风；翠竹黄花，从此永为闲伴。花影零乱，香魂夜发，蝡然（笑的样子）而喜。烛既尽，不能寐也。

　　花阴流影，散为半院舞衣；水响飞音，听来一溪歌板。一片秋色，能疗客病；半声春鸟，偏唤愁人。会心之语，当以不解解之；无稽之言，是在不听听耳。云落寒潭，涤尘容于水镜；月流深谷，拭淡黛于山妆。

　　寻芳者追深径之兰，识韵者穷深山之竹。花间雨过，蜂粘几片蔷薇；柳下童归，香散数茎檐下。幽人到处烟霞冷，仙子来时云雨香。落红点苔，可当锦褥；草香花媚，可当娇姬。莫逆则山鹿溪鸥，鼓吹则水声鸟啭。毛褐为纨绮，山云作主宾。和根野菜，不酿侯鲭（精美肉食）；带叶柴门，奚输甲第。

野筑郊居，绰有规制；茅亭草舍，棘垣竹篱，构列无方，淡宕如画，花间红白，树无行款。倘徉洒落，何异仙居？墨池寒欲结，冰分笔上之花；炉篆气初浮，不散帘前之雾。青山在门，白云当户，明月到窗，凉风拂座。胜地皆仙，五城十二楼，转觉多设。

何为声色俱清？曰：松风水月，未足比其清华。何为神情俱彻？曰：仙露明珠，讵能方其朗润。逸字是山林关目，用于情趣，则清远多致；用于事务，则散漫无功。宇宙虽宽，世途眇于鸟道；征逐日甚，人得浮比鱼蛮（渔夫）。

柳下舣舟，花间走马，观者之趣，倍过个中。间人情何似？曰：野水多于地，春山半是云。问世事何似？曰：马上悬壶浆，刀头分顿肉。尘情一破，便同鸡犬为仙，世法相拘，何异鹤鹅作阵。

清恐人知，奇足自赏。与客到，金罇醉来一榻，岂独客去为佳；有人知，玉律回车三调，何必相识乃再。

笑元亮（陶渊明）之逐客何迂，羡子猷（王徽之）之高情可赏。高士岂尽无染，莲为君子，亦自出于污泥；丈夫但论操持，竹作正人，何妨犯以霜雪。

东郭先生之履，一贫从万古之清；山阴道士之经，片字收千金之重。管辂请饮后言，名为酒胆；休文以吟致瘦，要是诗魔。因花索句，胜他牍奏三千；为鹤谋粮，赢我田耕二顷。至奇无惊，至美无艳。

瓶中插花，盆中养石，虽是寻常供具，实关幽人性情。若非得趣，个中布置，何能生致！舌头无骨，得言语之总持；眼里有筋，具游戏之三昧。湖海上浮家泛宅（《新唐书·隐逸·张志和传》载："颜真卿为湖州刺史，志和来谒，真卿以舟敝漏，请更之。志和曰：愿为浮家泛宅。"），烟霞五色足资粮；乾坤内狂客逸人，花鸟四时供啸咏。

养花，瓶亦须精良，譬如玉环、飞燕（杨玉环和赵飞燕）不可置之茅茨，嵇阮贺李不可请之店中。才有力以胜

《竹林听泉图》　沈宗骞

立轴纸本设色

现藏上海博物馆藏

《四序图》 姚文瀚

长卷绢本设色 纵31.5cm 横318cm

现藏北京故宫博物院藏

蝶，本无心而引莺；半叶舒而岩暗，一花散而峰明。玉槛连彩，粉壁迷明。动鲍照之诗兴，销王粲之忧情。

急不急之辩，不如养默；处不切之事，不如养静；助不直之举，不如养正；恣不禁之费，不如养福；好不情之察，不如养度；走不实之名，不如养晦；近不祥之人，不如养愚。诚实以启人之信我，乐易以使人之亲我，虚己以听人之教我，恭己以取人之敬我，奋发以破人之量我，洞彻以备人之疑我，尽心以报人之托我，坚持以杜人之鄙我。

幽 梦 影

【清】张潮（来山）

序　一

余穷经读史之余，好览稗官小说，自唐以来不下数百种。不但可以备考遗志，亦可以增长意识。如游名山大川者，必探断崖绝壑；玩乔松古柏者，必采秀草幽花。使耳目一新，襟情怡宕，此非头巾襜襹（衣服宽大不合身，比喻无能）、章句腐儒之所知也。

故余于咏诗撰文之暇，笔录古轶事、今新闻，自少至老，杂著数十种。如《说史》《说诗》《党鉴》《盈鉴》《东山谈苑》《汗青余语》《砚林不妄语》《述茶史补》《四莲花斋杂录》《曼翁漫录》《禅林漫录》《读史浮白集》《古今书字辨讹》《秋雪丛谈》《金陵野抄》之类，虽未雕版问世，而友人借抄，几遍东南诸郡，直可傲子云而睨君山矣！

天都张仲子心斋，家积缥缃（书卷），胸罗星宿，笔花缭绕，墨沈淋漓。其所著述，与余旗鼓相当，争奇斗富，如孙伯符与太史子义（太史慈）相遇于神亭；又如石崇、王恺击碎珊瑚时也。

其《幽梦影》一书，尤多格言妙论。言人之所不能言，道人之所未经道。展味低徊，似餐帝浆沆瀣，听钧天之广乐，不知此身在下方尘世矣。至如：律己宜带秋气，处世宜带春气；婢可以当奴，奴不可以当婢。无损于世谓之善人，有害于世谓之恶人。寻乐境乃学仙，避苦境乃学佛。超超玄著，绝胜支许清谈。人当镂心铭腑，岂止佩韦书绅而已哉！

曼持老人余怀广霞制

序 二

心斋著书满家，皆含经咀史，自出机杼，卓然可传。是编特其一脔（切成小块的肉）片羽，然三纔（才）之理，万物之情，古今人事之变，皆在是矣。

顾题之以梦且影云者，吾闻海外有国焉。夜长而昼短，以昼之所为为幻，以梦之所遇为真；又闻人有恶其影而欲逃之者。然则梦也者，乃其所以为觉；影也者，乃其所以为形也耶？？

庾辞之隐语，言无罪而闻足戒，是则心斋所为尽心焉者也。读是编也，其可以闻破梦之钟，而就阴以息影也夫！

江东同学弟孙致弥题

序 三

　　张心斋先生，家自黄山，爰奔陆海。栟榈赋就，锦月投怀；芍药辞成，敏花作馔。苏子瞻"十三楼外"景物犹然；杜枚之"廿四桥头"流风仍在。静能见性，洵哉人我不间而喜嗔不形；弱仅胜衣，或者清虚日来而滓秽日去。怜才惜玉，心是灵犀；绣腹锦胸，身同丹凤。花间选句，尽来珠玉之音；月下题词，已满珊瑚之笥。岂如兰台作赋，仅别东西；漆园著书，徒分内外而哉！

　　然而繁文艳语，止才子余能；而卓识奇思，诚词人本色。若夫舒性情而为著述，缘阅历以作篇章，清如梦室之钟，令人猛省；响若尼山之铎，别有深思。则《幽梦影》一书，余诚不能已于手舞足蹈，心旷神怡也。

　　其云"益人谓善，害物谓恶"咸仿佛乎外王内圣之言；又谓"律己宜秋，处世宜春"，亦陶熔乎诚意正心之旨。他如片花寸草，均有会心；遥水近山，不遗玄想。息机物外，古人之糟粕不论；信手拈时，造化之精微入悟。湖山乘兴，尽可投囊；风月维潭，兼供挥麈。金绳觉路，弘开入梦之毫；宝筏迷津，直渡文长之舌。以风流为道学，寓教化于诙谐。为色为空，知犹有这个在；如梦如影，且应做如是观。

湖上晦村学人石庞天外氏书

序　四

记曰："和顺积于中，英华发于外。"凡文人之立言，皆英华之发于外者也。无不本乎中之积，而适与其人肖焉。是故其人贤者，其言雅；其人哲者，其言快；其人高者，其言爽；其人达者，其言旷；其人奇者，其言创；其人韵者，其言多情而可思。张子所云：对渊博友如读异书，对风雅友如读名人诗文，对谨饬友如读圣贤经传，对滑稽友如阅传奇小说。正此意也。

彼在昔立言之人，到今传者，岂徒传其言哉，传其人而已矣。今举集中之言，有快若并州之剪，有爽若哀家之梨，有雅若钧天之奏，有旷若空谷之音；创者则如新锦出机，多情则如游丝袅树。以为贤人可也，以为达人、奇人可也，以为哲人可也。譬之瀛洲之木，日中视之，一叶百影。

张子以一人而兼众妙，其殆瀛木之影欤？然则阅乎此一编，不啻与张子晤对，罄彼我之怀，又奚俟梦中相寻，以致迷不知路，中道而返哉。

同学弟松溪王晫拜题

卷　一

读经宜冬，其神专也；读史宜夏，其时久也；读诸子宜秋，其致别也；读诸集宜春，其机畅也。经传宜独坐读，史鉴宜与友共读。无善无恶是圣人，善多恶少是贤者，善少恶多是庸人，有恶无善是小人，有善无恶是仙佛。

天下有一人知己，可以不恨，不独人也，物亦有之。如菊以渊明为知己，梅以和靖（林逋，北宋人，有梅妻鹤子之誉）为知己，竹以子猷（王羲之，素爱竹）为知己，莲以濂溪（周敦颐，著有《爱莲说》）为知己，桃以避秦人为知己，杏以董奉为知己，石以米颠（米芾，曾呼石为兄）为知己，荔枝以太真（杨玉环）为知己，茶以卢仝、陆羽为知己，香草以灵均（屈原）为知己，莼鲈以季鹰（张翰）为知己，蕉以怀素（玄奘弟子，曾以蕉叶代纸练习书法）为知己，瓜以邵平为知己，鸡以处宗为知己，鹅以右军（王羲之）为知己，鼓以祢衡为知己，琵琶以明妃（王昭君）为知己。一与之订，千秋不移。若松之于秦始，鹤之于卫懿，正所谓不可与作缘者也。

为月忧云，为书忧蠹，为花忧风雨，为才子佳人忧命薄，真是菩萨心肠。花不可以无蝶，山不可以无泉，石不可以无苔，水不可以无藻，乔木不可以无藤萝，人不可以无癖。春听鸟声，夏听蝉声，秋听虫声，冬听雪声；白昼听棋声，月下听箫声；山中听松声，水际听欸乃（行船摇橹声）声，方不虚生此耳。若恶少斥辱，悍妻诟谇，真不若耳聋也。

上元须酌豪友，端午须酌丽友，七夕须酌韵友，中秋须酌淡友，重九须酌逸友。鳞虫中金鱼，羽虫中紫燕，可云物类神仙。正如东方曼倩（东方朔）避世，金马门人不得而害之。入世，须学东方曼倩；出世，须学佛印了元（宋代僧人，与苏东坡等有交往）。

　　赏花宜对佳人，醉月宜对韵人，映雪宜对高人。对渊博友，如读异书；对风雅友，如读名人诗文；对谨饬友，如读圣贤经传；对滑稽友，如阅传奇小说。楷书须如文人，草书须如名将，行书介乎二者之间。如羊叔子（羊祜）缓带轻裘，正是佳处。

　　人须求可入诗，物须求可入画。少年人须有老成之识见，老成人须有少年之襟怀。春者天之本怀，秋者天之别调。昔人云："若无花、月、美人，不愿生此世界。"予益一语云："若无翰、墨、棋、酒，不必定作人身。"

　　愿在木而为樗（喻指无用之才），愿在草而为蓍（草名，古时用于占卜），愿在鸟而为鸥，愿在兽而为麐（神兽名，相传能辨曲直），愿在虫而为蝶，愿在鱼而为鲲。黄九烟（崇祯进士，入清不仕，隐居湖州）先生云："古今人必有其偶，千古而无偶者，其惟盘古乎？"予谓盘古亦未尝无偶，但我辈不及见耳。其人为谁？即此劫尽时，最后一人是也。

古人以冬为三余。予谓当以夏为三余：晨起者，夜之余；夜坐者，昼之余；午睡者，应酬人事之余。古人诗曰："我爱夏日长"，洵不诬也。庄周梦为蝴蝶，庄周之幸也；蝴蝶梦为庄周，蝴蝶之不幸也。

艺花可以邀蝶，累石可以邀云，栽松可以邀风，贮水可以邀萍，筑台可以邀月，种蕉可以邀雨，植柳可以邀蝉。景有言之极幽，而实萧索者，烟雨也；境有言之极雅，而实难堪者，贫病也；声有言之极韵，而实粗鄙者，卖花声也。

才子而富贵，定从福慧双修得来。新月恨其易沉，缺月恨其迟上。躬耕，吾所不能，学灌园而已矣；樵薪，吾所不能，学薙草（除草）而已矣。一恨书囊易蛀，二恨夏夜有蚊，三恨月台易漏，四恨菊叶多焦，五恨松多大蚁，六恨竹多落叶，七恨桂荷易谢，八恨薜萝藏虺（毒蛇），九恨架花生刺，十恨河豚多毒。

卷 二

楼上看山，城头看雪，灯前看月，舟中看霞，月下看美人，另是一番情境。山之光，水之声，月之色，花之香，文人之韵致，美人之姿态，皆无可名状，无可执着。真足以摄召魂梦，颠倒情思。

假使梦能自主，虽千里无难命驾（命令御者驾驶车马），可不羡长房（费长房，东汉人，能治百病，鞭笞百鬼）之缩地；死者可以晤对，可不需少君（李少君，汉武帝时齐人，传为武帝招李夫人魂魄）之招魂；五岳可以卧游，可不俟（等到）婚嫁之尽毕（典出《后汉书》，向子平婚嫁已毕，觉得家事已了，遂云游四方，不知所踪）。

昭君以和亲而显，刘蕡（唐文宗时人，以策对英士，直言宦官误国，考官不入，却名满天下）以下第而传；可谓之不幸，不可为之缺陷。以爱花之心爱美人，则领略自饶别趣；以爱美人之心爱花，则护惜倍有深情。

美人之胜于花者，解语也；花之胜于美人者，生香也。二者不可得兼，舍生香而解语者也。窗内人于窗纸上作字，吾于窗外观之，极佳。少年读书，如隙中窥月；中年读书，如庭中望月；老年读书，如台上玩月。皆以阅历之浅深，为所得之浅深耳。

吾欲致书雨师（司雨之神）：春雨，宜始于上元节后，至清明十日前之内，及谷雨节中；夏雨，宜于每月上弦之前，及下弦之后；秋雨，宜于孟秋、季秋之上下二旬；至若三冬，正可不必雨也。

为浊富，不若为清贫；以忧生，不若以乐死。天下唯鬼最富，生前囊无一文，死后每饶楮镪（纸钱）；天下唯鬼最尊，生前或受欺凌，死后必多跪拜。蝶为才子之化身，花乃美人之别号。

因雪想高士，因花想美人，因酒想侠客，因月想好友，因山水想得意诗文。闻鹅声，如在白门；闻橹声，如在三吴；闻滩声，如在浙江；闻羸马项下铃铎声，如在长安道上。

一岁诸节，以上元为第一，中秋次之，五日九日（端午节和重阳节）又次之。雨之为物，能令昼短，能令夜长。古之不传于今者，啸也、剑术也、弹棋也、打球也。诗僧时复有之，若道士之能诗，不啻空谷足音，何也？

当为花中之萱草，毋为鸟中之杜鹃。物之稚者，皆不可压。为驴独否。女子自十四五岁至二十四五岁，此十年中，无论燕、秦、吴、越，其音大都娇媚动人；一赌其貌，则美恶判然矣。耳闻不如目见，于此益信。

寻乐境乃学仙，避苦趣乃学佛。佛家所谓"极乐世界"者，盖谓众苦之所不到也。富贵而劳悴，不若安闲之贫贱；贫贱而骄傲，不若谦恭之富贵。目不能自见，鼻不能自嗅，舌不能自舐，手不能自握，惟耳能自闻其声。

凡声皆宜远听，惟听琴则远近皆宜。目不能识字，其闷尤过于盲；手不能执管，其苦更甚于哑。并头联句、交颈论文、宫中应制、历使属国，皆极人间乐事。

卷 三

《水浒传》，武松诘蒋门神云："为何不姓李？"此语殊妙。盖姓实有佳有劣，如华、如柳、如云、如苏、如乔，皆极风韵。若夫毛也、赖也、焦也、牛也，则皆尘于目而棘于耳者也。

花之宜于目，而复宜于鼻者：梅也、菊也、兰也、水仙也、珠兰也、木香也、玫瑰也、蜡梅也，余则皆宜于目者也。花与叶俱可观者：秋海棠为最，荷次之，海棠、酴醾、虞美人、水仙又次之。叶胜于花者，止雁来红、美人蕉而已。花与叶俱不足观者：紫薇也、辛夷也。

高语山林者，辄不善谈市朝事。审若此，则当并废《史》《汉》诸书而不读矣。盖诸书所载者，皆古之市朝也。云之为物：或崔巍如山，或潋滟如水，或如人，或如兽，或如鸟毳（鸟身上的细毛），或如鱼鳞。故天下万物皆可入画，惟云不能画。世所画云，亦强名耳。

值太平世，生湖山郡，官长廉静，家道优裕，娶妇贤淑，生子聪慧。人生如此，可云全福。天下器玩之类，其制日工，其价日贱，毋惑乎民之贫也。养花胆瓶，其式之高低大小，须与花相称，而色之浅深浓淡，又须与花相反。

春雨如恩诏，夏雨如赦书，秋雨如挽歌。十岁为神童，二十、三十为才子，四十、五十为名臣，六十为神仙，可谓全人矣。武人不苟战，是为武中之文；文人不迂腐，是为文中之武。

文人讲武事，大都纸上谈兵；武将论文章，半属道听途说。"斗方"止三种可取：佳诗文，一也；新题目，二也；精款式，三也。情必近于痴而始真；才必兼乎趣而始化。

凡花色之娇媚者，多不甚香；瓣之千层者，多不结实；甚矣全才之难也。兼之者，其惟莲乎？著得一部新书，便是千秋大业；注得一部古书，允为万世弘功。延名师训子弟，入名山习举业，丐名士代捉刀，三者都无是处。

积画以成字，积字以成句，积句以成篇，为之文。文体日增，至八股而遂止。如古文、如诗、如赋、如词、如曲、如说部、如传奇小说，皆自无而有。方其未有之时，固不料后来之有此一体也。逮既有此一体之后，又若天造地设，为世所应有之物。然自明以来，未见有创一体裁新人耳目者。遥计百年之后，必有其人，惜乎不及见耳。

云映日而成霞，泉挂岩而成瀑。所托者异，而名亦因之。此友道之所以可贵也。大家之文，吾爱之慕之，吾愿学之；名家之文，吾爱之慕之，吾不敢学之。学大家而不得，所谓"刻鹄不成尚类鹜"也，学名家而不得，则是"画虎不成反类狗"矣。由戒得定，由定得

慧，勉强渐近自然，炼精化气，炼气化神，清虚有何渣
滓？南北东西，一定之位也；前后左右，无定之位也。

卷　四

予尝谓二氏不可废，非袭夫大养济院（古时收养贫民之所）之陈言也。盖名山胜境，我辈每思褰裳（轻装之意）就之，使非琳宫（神仙所居之所）、梵刹（僧侣所居之所），则倦时无可驻足，饥时谁与授餐？忽有疾风暴雨，五大夫（松树）果真足恃乎？又或丘壑深邃，非一日可了，岂能露宿以待明日乎？虎豹蛇虺，能保其不患人乎？又或为士大夫所有，果能不问主人，任我登陟凭吊而莫之禁乎？不特此也，甲之所有，乙思起而夺之，是启争端也；祖父之所创建，子孙贫，力不能修葺，其倾颓之状，反足令山川减色矣。

然此特就名山胜景言之耳。即城市之内，与夫四达之衢，亦不可少此一种。客游可做居停，一也；长途可以稍憩，二也；夏之茗，冬之姜汤，复可以济役夫负戴之困，三也。凡此皆就事理言之，非二氏福报之说也。

虽不善书，而笔砚不可不精；虽不业医，而验方不可不存；虽不工弈，而楸枰（楸木所制的棋枰）不可不备。方外不必戒酒，但须戒俗；红裙不必通文，但须得趣。梅边之石，宜古；松下之石，宜拙；竹傍之石，宜瘦；盆内之石，宜巧。

律己宜带秋气，处事宜带春气。厌催租之败意，亟宜早早完粮；喜老衲之谈禅，难免常常布施。松下听琴，月下听箫，涧边听瀑布，山中听梵呗，觉耳中别有不同。月下听禅，旨趣益远；月下说剑，肝胆益真；月下论诗，风致益幽；月下对美人，情意益笃。

有地上之山水，有画上之山水，有梦中之山水，有胸中之山水。地上者，妙在丘壑深邃；画上者，妙在笔墨淋漓；梦中者，妙在景象变幻；胸中者，妙在位置自如。一日之计，种蕉；一岁之计，种竹；十年之计，种柳；百年之计，种松。

春雨宜读书，夏雨宜弈棋，秋雨宜检藏，冬雨宜饮酒。诗文之体，得秋气为佳；词曲之体，得春气为佳。抄写之笔墨，不必过求其佳，若施之缣素（贵重的丝帛），则不可不求其佳；诵读之书籍，不必过求其备，若以供稽考，则不可不求其备；游历之山水，不必过求其妙，若因之卜居，则不可不求其妙。

人非圣贤，安能无所不知？祇（只）知其一，惟恐不止其一，复求知其二者，上也；止知其一，因人言始知有其二者，次也；止知其一，人言有其二而莫之信者，又其次也；止知其一，恶人言有其二者，斯下之下矣。

史官所纪者，直世界也；职方所载者，横世界也。先天八卦，竖看者也；后天八卦，横看者也。藏书不难，能看为难；看书不难，能读为难；读书不难，能用为难；能用不难，能记为难。

求知己于朋友，易；求知己于妻妾，难；求知己于君臣，则尤难之难。何谓善人？无损于世者，则谓之善人。何谓恶人？有害于世者，则谓之恶人。有工夫读书，谓之福；有力量济人，谓之福；有学问著述，谓之福；无是非到耳，谓之福；有多闻、直、谅之友，谓之福。

人莫乐于闲，非无所事事之谓也。闲则能读书，闲则能游名胜，闲则能交益友，闲则能饮酒，闲则能著书。天下之乐，孰大于是？文章是案头之山水，山水是地上之文章。

平上去入，乃一定之至理。然入声之为字也少，不得谓凡字有四声也。世之调平仄者，于入声之无其字者，往往以不相合之音隶于其下。为所隶者，苟无平上去之三声，则是以寡妇配鳏夫，犹之可也。若所隶之字，自有其平上去三声，而欲强以从我，则是干有夫之妇矣，其可乎？

姑就诗韵言之：如"东""冬"韵，无入声者也，今人尽调之以"东董冻督"。夫"督"之为音，当附于"都睹妒"之下。若属之于"东董冻",又何以处夫"都睹妒"乎?若"东都"二字,具以"督"字为入声,则是一妇而两夫矣。

三"江"无入声者也,今人尽调之以"江讲绛觉",殊不知"觉"之为音,当附于"交绞教"之下者也。诸如此类,不胜其举。然则,如之何而后可?曰:鳏者听其鳏,寡者听其寡,夫妇全者安其全,各不相干而已矣。

卷　五

《水浒传》是一部怒书，《西游记》是一部悟书，《金瓶梅》是一部哀书。读书最乐，若读史书，则喜少怒多。究之，怒处亦乐处也。发前人未发之论，方是奇书；言妻子难言之情，乃为密友。

一介之士，必有密友。密友不必定是刎颈之交。大率虽千里之遥，皆可相信，而不为浮言所动；闻有谤之者，即多方为之辨析而后已；事之宜行宜止者，代为筹划决断；或事当利害关头，有所需而后济者，即不必与闻，亦不虑其负我与否，竟为力承其事。此皆所谓密友也。

风流自赏，祇（只）容花鸟趋陪；真率谁知？合受烟霞供养。万事可忘，难忘者名心一段；千般易淡，未淡者美酒三杯。芰荷可食，而亦可衣；金石可器，而亦可服。宜于耳复宜于目者，弹琴也，吹箫也；宜于耳不宜于目者，吹笙也，撤管（吹奏管乐时用手按孔以发声）也。

看晓妆宜于傅粉之后。我不知我之生前，当春秋之季，曾一识西施否？当典午之时（代指晋朝），曾一看卫玠否？当义熙（晋安帝年号）之世，曾一醉渊明否？当天宝之代，曾一睹太真否？当元丰之朝，曾一晤东坡否？千古之上，相思者不止此数人，数人则其尤甚者，故姑举之，以概其余也。

我又不知在隆万时，曾于旧院中交几名妓？眉公、伯虎、若士、赤水诸君，曾共我谈笑几回？茫茫宇宙，我今当向谁问之耶？

文章是有字句之锦绣，锦绣是无字句之文章，两者同出于一原。姑即粗迹论之，如金陵、如武林、如姑苏，书林之所在，即机杼之所在也。

予尝集诸法帖字为诗。字之不复而多者，莫善于《千字文》，然诗家目前常用之字，犹苦其未备。如天文之烟霞风雪，地理之江山塘岸，时令之春宵晓暮，人物之翁僧渔樵，花木之花柳苔萍，鸟兽之蜂蝶莺燕，宫室之台栏轩窗，器用之舟船壶杖，人事之梦忆愁恨，衣服之裙袖锦绮，饮食之茶浆饮酌，身体之须眉韵态，声色之红绿香艳，文史之骚赋题吟，数目之一三双半，皆无其字。《千字文》且然，况其他乎？

花不可见其落，月不可见其沉，美人不可见其夭。种花须见其开，待月须见其满，著书须见其成，美人须见其畅适，方有实际。否则皆为虚设。惠施多方，其书五车；虞卿（战国时游说赵王，受相印）以穷愁著书，今皆不传。不知书中果作何语？我不见古人，安得不恨！

以松花为粮，以松实为香，以松枝为麈尾，以松阴为步障，以松涛为鼓吹。山居得乔松百余章，真乃受用不尽。玩月之法，皎洁则仰观，朦胧则宜俯视。孩提之童，一无所知。目不能辨美恶，耳不能判清浊，鼻不能别香臭。至若味之甘苦，则不第知之，且能取之弃之。告子以甘食、悦色为性，殆指此类耳。

　　凡事不宜刻，若读书则不可不刻；凡事不宜贪，若买书则不可不贪；凡事不宜痴，若行善则不可不痴。

卷　六

　　酒可好，不可骂座；色可好，不可伤生；财可好，不可昧心；气可好，不可越理。文名，可以当科第；俭德，可以当货财；清闲，可以当寿考。不独诵其诗读其书，是尚友古人；即观其字画，亦是尚友古人处。

　　无益之施舍，莫过于斋僧；无益之诗文，莫甚于祝寿。妾美不如妻贤；钱多不如境顺。创新庵不若修古庙；读生书不若温旧业。字与画同出一源，观六书始于象形，则可知矣。忙人园亭，宜与住宅相连；闲人园亭，不妨与住宅相远。

　　酒可以当茶，茶不可以当酒；诗可以当文，文不可以当诗；曲可以当词，词不可以当曲；月可以当灯，灯不可以当月；笔可以当口，口不可以当笔；婢可以当奴，奴不可以当婢。胸中小不平，可以酒消之；世间大不平，非剑不能消也。

不得以而诽之者，宁以口毋以笔；不可耐而骂之者，亦宁以口毋以笔。多情者必好色，而好色者未必尽属多情；红颜者必薄命，而薄命者未必尽属红颜；能诗者必好酒，而好酒者未必尽属能诗。

梅令人高，兰令人幽，菊令人野，莲令人淡，春海棠令人艳，牡丹令人豪，蕉与竹令人韵，秋海棠令人媚，松令人逸，桐令人清，柳令人感。物之能感人者，在天莫如月，在乐莫如琴，在动物莫如鹃，在植物莫如柳。

妻子颇足累人，羡和靖梅妻鹤子；奴婢亦能供职，喜志和樵婢渔奴。涉猎虽曰无用，犹胜于不通古今；清高固然可嘉，莫流于不识时务。所谓美人者：以花为貌，以鸟为声，以月为神，以柳为态，以玉为骨，以冰雪为肤，以秋水为姿，以诗词为心。吾无间然矣。

蝇集人面，蚊嘬人肤，不知以人为何物？有山林隐逸之乐，而不知享者，渔樵也，农圃也，缁黄（僧道）也；有园亭姬妾之乐，而不能享、不善享者，富商也，大僚也。

黎举云："欲令梅聘海棠，枨子臣樱桃，以芥嫁笋，但时不同耳。"予谓物各有偶，拟必于伦，今之嫁娶，殊觉未当。如梅之为物，品最清高；棠之为物，姿极妖艳。即使同时，亦不可为夫妇。不若梅聘梨花，海棠嫁杏，橼臣佛手，荔枝臣樱桃，秋海棠嫁雁来红，庶几相称耳。至若以芥嫁笋，笋如有知，必受河东狮子之累矣。

五色有太过，有不及，惟黑与白无太过。许氏《说文》分部，有止有其部，而无所属之字者，下必注云："凡某之属皆从某。"赘句殊觉可笑，何不省此一句乎？

卷　七

阅《水浒传》至鲁达打镇关西，武松打虎，因思人生必有一桩极快意事，方不枉在生一场；即不能有其事，亦须着得一种得意之书，庶几无憾耳。春风如酒，夏风如茗，秋风如烟，冬风如姜芥。

冰裂纹极雅，然宜细不宜肥。若以之作窗栏，殊不耐观也。鸟声之最佳者：画眉第一，黄鹂、百舌次之。然黄鹂、百舌，世未有笼而畜之者，其殆高士之俦（伴侣），可闻而不可屈者耶。

不治生产，其后必致累人；专务交游，其后必致累己。昔人云："妇人识字，多致诲淫。"予谓此非识字之过也。盖识字则非无闻之人，其淫也，人易得而知耳。善读书者，无之而非书，山水亦书也，棋酒亦书也，花月亦书也。善游山水者，无之而非山水，书史亦山水也，诗酒亦山水也，花月亦山水也。

园亭之妙在丘壑布置，不在雕绘琐屑。往往见人家园子屋脊墙头，雕砖镂瓦，非不穷极工巧，然未久即坏，坏后极难修葺。是何如朴素之为佳乎？清宵独坐，邀月言愁；良夜孤眠，呼蛩语恨。

官声采于舆论，豪右之口与寒乞之口，俱不得其真；花案定于成心，艳媚之评与寝陋之评，概恐失其实。胸藏丘壑，城市不异山林；兴寄烟霞，阛浮有如蓬岛。梧桐为植物中清品，而形家独忌之，甚且谓"梧桐大如斗，主人往外走。"若竟视为不祥之物也者。夫翦桐封弟（周成王以梧桐叶为剪封其弟于晋），其为宫中之桐可知。而卜世最久者，莫过于周。俗言之不足据，类如此夫！

多情者，不以生死易心；好饮者，不以寒暑改量；喜读书者，不以忙闲作辍。蛛为蝶之敌国，驴为马之附庸。

立品，须发乎宋人之道学；涉世，须参以晋代之风流。

古谓禽兽亦知人伦。予谓匪独禽兽也，即草木亦复有之。牡丹为王，芍药为相，其君臣也；南山之乔，北山之梓，其父子也；荆之闻分而枯，闻不分而活，其兄弟也；莲之并蒂，其夫妇也；兰之同心，其朋友也。

豪杰易于圣贤，文人多于才子。牛与马，一仕而一隐也；鹿与豕，一仙而一凡也。古今至文，皆以血泪所成。情之一字，所以维持世界；才之一字，所以粉饰乾坤。孔子生于东鲁，东者生方。故礼乐文章，其道皆自无而有。释迦生于西方，西者死地。故受想行识，其教皆自有而无。

有青山方有绿水，水惟借色于山；有美酒便有佳诗，诗亦乞灵于酒。严君平，以卜讲学者也；孙思邈，以医讲学者也；诸葛武侯，以出师讲学者也。人则女美于男，禽则雄华于雌，兽则牝牡无分者也。

镜不幸而遇嫫母（相传黄帝时丑女），砚不幸而遇俗子，剑不幸而遇庸将，皆无可奈何之事。天下无书则已，有则必当读；无酒则已，有则必当饮；无名山则已，有则必当游；无花月则已，有则必当赏玩；无才子佳人则已，有则必当爱慕怜惜。

秋虫春鸟，尚能调声弄舌，时吐好音。我辈搦管（执笔写字）拈毫，岂可甘作鸦鸣牛喘？娥颜陋质，不与镜为仇者，亦以镜为无知之死物耳。使镜而有知，必遭扑破矣。

吾家公艺，恃百忍以同居，千古传为美谈。殊不知忍而至于百，则其家庭乖戾暌隔之处，正未易更仆数也。九世同居，诚为盛事，然止当与割股庐墓者作一例看，可以为难矣，不可以为法也，以其非中庸之道也。

卷 八

作文之法：意之曲折者，宜写之以显浅之词；理之显浅者，宜运之以曲折之笔；题之熟者，参之以新奇之想；题之庸者，深之以关系之论。至于窘者舒之使长，缛者删之使简，俚者文之使雅，闹者摄之使静，皆所谓裁制也。

笋为蔬中尤物，荔枝为果中尤物，蟹为水族中尤物，酒为饮食中尤物，月为天文中尤物，西湖为山水中尤物，词曲为文字中尤物。买得一本好花，犹且爱护而怜惜之，矧其为解语花乎！

观手中便面（古时用来遮面的扇状物），足以知其人之雅俗，足以识其人之交游。水为至污之所会归，火为至污之所不到，若变不洁为至洁，则水火皆然。貌有丑而可观者，有虽不丑而不足观者；文有不通而可爱者，有虽通而极可厌者。此未易与浅人道也。

游玩山水亦复有缘，苟机缘未至，则虽近在数十里之内，亦无暇到也。

贫而无谄，富而无骄，古人之所贤也；贫而无骄，富而无谄，今人之所少也。足以知世风之降矣。

昔人欲以十年读书，十年游山，十年检藏。予谓检藏尽可不必十年，只二三载足矣，若读书与游山，虽或相倍蓰，恐亦不足以偿所愿也，必也如黄九烟前辈之所云："人生必三百岁而后可乎！"

宁为小人之所骂，毋为君子之所鄙；宁为盲主司（无能的长官）之所摈弃，毋为诸名宿之所不知。傲骨不可无，傲心不可有；无傲骨则近于鄙夫，有傲心不得为君子。蝉为虫中之夷齐，蜂为虫中之管晏。

曰"痴"、曰"愚"、曰"拙"、曰"狂"，皆非好字面，而人每乐居之；曰"奸"、曰"黠"、曰"强"、曰"佞"反是，而人每不乐居之。何也？唐虞之际，音乐可感鸟兽，此盖唐虞之鸟兽，故可感耳。若后世之鸟兽，恐未必然。

痛可忍，而痒不可忍；苦可耐，而酸不可耐。镜中之影，着色人物也；月下之影，写意人物也；镜中之影，钩边画也；月下之影，没骨画也；月中山河之影，天文中地理也；水中星月之象，地理中天文也。

能读无字之书，方可得惊人妙句；能会难通之解，方可参最上禅机。若无诗酒，则山水为具文；若无佳丽，则花月皆虚设。才子而美姿容，佳人而工著作，断不能永年者。匪独为造物之所忌，盖此种原不独为一时之宝，乃古今万世之宝，故不欲久留人世，以取亵耳。

陈平封"曲逆侯"，《史》《汉》注皆云："音去遇。"予谓此是北人土音耳。若南人四音俱全，似仍当读作本音为是。古人四声俱备，如"六""国"二字，皆入声也。今梨园演《苏秦剧》，必读"六"为溜，读"国"为鬼，从无读入声者。然考之《诗经》，如"良马六之"，"无衣六兮"之类，皆不与去声协，而协"祝、告、燠"。"国"字皆不与上声协，而协"入、陌、质"韵。则是古人似亦有入声，未必尽读"六"为"溜"，读"国"为"鬼"也。

闲人之砚，固欲其佳，而忙人之砚，尤不可不佳；娱情之妾，固欲其美，而广嗣之妾，亦不可不美。如何是独乐乐，曰鼓琴；如何是与人乐乐，曰弈棋；如何是与众乐乐，曰马吊。不待教而为善恶者，胎生也；必待教而后为善恶者，卵生也；偶因一事之感触，而突然为善恶者，湿生也；前后判若两截，究非一日之故者，化生也。

凡物皆以形用，其以神用者，则镜也，符印也，日晷也，指南针也。才子遇才子，每有怜才之心；美人遇美人，必无惜美之意。我愿来世托生为绝代佳人，一反其局而后快。予尝欲建一无遮大会（佛教举行的一种以布施为主的大会），一祭历代才子，一祭历代佳人。俟遇有真正高僧，即当为之。

圣贤者，天地之替身。天极不难做，只须生仁人、君子、有才德者，二三十人足矣。君一、相一、冢宰一，及诸路总制抚军是也。掷升官图（一种游戏），所重在德，所忌在赃。何一登仕版，辄与之相反耶？

动物中有三教焉：蛟龙麟凤之属，近于儒者也；猿狐鹤鹿之属，近于仙者也；狮子牯牛之属，近于释者也。植物中有三教焉：竹梧兰蕙之属，近于儒者也；蟠桃老桂之属，近于仙者也；莲花薝葡（郁金香）之属，近于释者也。

佛氏云："日月在须弥山（妙光山，佛教名山）腰。"果尔，则日月必是绕山横行而后可，苟有升有降，必为山巅所碍矣。又云："地上有阿耨达（佛教中的名池，有清凉之意）池，其水四出，流入诸印度。"又云："地轮之下为水轮，水轮之下为风轮，风轮之下为空轮。"余谓此皆喻言人身也，须弥山喻人首，日月喻两目，池水四出喻血脉流动，地轮喻此身，水为便溺，风为泄气，此下则无物矣。

苏东坡《和陶诗》尚遗数十首，予尝欲集坡句以补之，苦于韵之弗备而止。如《责子》诗中："不识六与七，但觅梨与栗。""七"字、"栗"字，皆无其韵也。予尝偶得句，亦殊可喜，惜无佳对，遂未成诗。其一为"枯叶带虫飞"，其一为"乡月大于城"，姑存之，以俟异日。

"空山无人，水流花开"二句，极琴心之妙境；"胜固欣然，败亦可喜"二句，极手谈之妙境；"帆随湘转，望衡九面"二句，极泛舟之妙境；"胡然而天，胡然而帝"二句，极美人之妙境。

镜与水之影，所受者也；日与灯之影，所施者也。月之有影，则在天者为受，而在地者为施也。水之为声，有四：有瀑布声，有流泉声，有滩声，有沟浍声。风之为声，有三：有松涛声，有秋叶声，有波浪声。雨之为声，有二：有梧蕉荷叶上声，有承檐溜竹筒中声。

文人每好鄙薄富人，然于诗文之佳者，又往往以金玉、珠玑、锦绣誉之，则又何也？能闲世人之所忙者，方能忙世人之所闲。先读经，后读史，则论事不谬于圣贤；既读史，复读经，则观书不徒为章句。

居城市中，当以画幅当山水，以盆景当苑囿，以书籍当朋友。乡居须得良朋始佳。若田夫樵子，仅能辨五谷而测晴雨，久且数，未免生厌矣。而友之中，又当以能诗为第一，能谈次之，能画次之，能歌又次之，解觞政者（会饮酒的人）又次之。

玉兰，花中之伯夷也；葵，花中之伊尹也；莲，花中之柳下惠也。鹤，鸟中之伯夷也；鸡，鸟中之伊尹也；莺，鸟中之柳下惠也。无其罪而虚受恶名者，蠹鱼也；有其罪而恒逃清议者，蜘蛛也。

臭腐化为神奇，酱也、腐乳也、金汁也；至神奇化为臭腐，则是物皆然。黑与白交，黑能污白，白不能掩黑；香与臭混，臭能胜香，香不能敌臭；此君子小人相攻之大势也。"耻"之一字，所以治君子；"痛"之一字，所以治小人。

镜不能自照，衡不能自权，剑不能自击。古人云："诗必穷而后工。"盖穷则与多感慨，易于见长耳。若富贵中人，既不可忧贫叹贱，所谈者不过风云月露而已，诗安得佳？苟思所变，计惟有出游一法。即以所见之山川风土物产人情，或当疮痍兵燹之余，或值旱涝灾祲之后，无一不可寓之诗中。借他人之穷愁，以供我之咏叹，则诗亦不必待穷而后工也。

跋

一

抱异疾者多奇梦，梦所未到之境，梦所未见之事，以心为君主之官，邪干之，故如此，此则病也，非梦也。至若梦木撑天，梦河无水，则休咎应之；梦牛尾、梦蕉鹿，则得失应之。此则梦也，非病也。心斋之《幽梦影》，非病也，非梦也，影也。影者维何？石火之一敲，电光之一瞥也，东坡所谓一掉头时生老病，一弹指顷去来今也。昔人云芥子具须弥，而心斋则于倏忽备古今也。此因其心闲手闲，故弄墨如此之闲适也。心斋盖长于勘梦者也，然而未可向痴人说也。

寓东淘香雪叁江之兰草

二

余习闻《幽梦影》一书，着墨不多，措词极隽，每以未获一读为恨事。客秋南沙顾耐圃茂才示以钞本，展玩之余，爱不释手。所惜尚有残阙，不无余憾。今从同里袁翔甫大令处见有刘君式亭所赠原刊之本，一无遗漏，且有同学诸君评语，尤足令人寻绎。间有未评数条，经大令一一补之，功媲娲皇，允称全璧。爰乞重付手民，冀可流传久远。大令欣然曰："诺。"故略叙其巅末云。

光绪五年岁次己卯冬十月仁和葛元煦理斋氏识

幽梦续影

【清】朱锡绶（撷荺）

序

　　吾师镇洋朱先生，名锡绶，字撷筠，盛君大士高足弟子也，著作甚富，屡困名场，后作令湖北，不为上官所知，郁郁以殁。祖荫觿鞢（智勇兼备）之年，奉手受教，每当岸帻，奋麈陈说古今，亹亹发蒙，使人不倦。自咸丰甲寅，先生作吏南行，遂成契阔。先生诗集已刊版，毁于火，他著述亦不存，仅从亲知传写，得此一编，大率皆阅世观物、涉笔排闷之语。元题曰《幽梦续影》，略如屠赤水、陈麋公（陈眉公之误）所为小品诸书，虽绮语小言，而时多名理。祖荫不忍使先生语言文字无一二存于世间，辄为镂版，以贻胜流，屋乌储胥，聊存遗爱。然流传止此，益用感伤。昔宋明儒门弟子，刊行其师语录，虽琐言鄙语，皆为搜存，不加芟饰。此编之刊，犹斯志也。

光绪戊寅四月门人潘祖荫记

真嗜酒者气雄，真嗜茶者神清，真嗜笋者骨癯（清瘦），真嗜菜根者志远。鹤令人逸，马令人俊，兰令人幽，松令人古。善贾无市井气，善文无迂腐气。学导引是眼前地狱，得科第是当世轮回。求忠臣必于孝子，余为下一转语云：求孝子必于情人（性情中人）。造化，善杀风景者也。其尤甚者，使高僧迎显宦，使循吏困下僚，使绝世之姝习弦索，使不羁之士累米盐。

日间多静坐，则夜梦不惊；一月多静坐，则文思便逸。观虹销雨霁时，是何等气象；观风回海立时，是何等声势。贪人之前莫炫宝，才人之前莫炫文，险人之前莫炫识。文人富贵，起居便带市井；富贵能诗，吐属（谈吐）便带寒酸。

花是美人后身。梅，贞女也；梨，才女也；菊，才女之善文章者也；水仙，善诗词者也；荼蘼，善谈禅者也；牡丹，大家中妇也；芍药，名士之妇也；莲，名士之女也；海棠，妖姬也；秋海棠，制于悍妇之艳妾也；茉莉，解事雏鬟也；木芙蓉，中年侍婢也。

惟兰为绝代美人，生长名阀，耽于词画，寄心清旷，结想琴筑（一种乐器），然而，闺中待字，不无迟暮之感。优此则绌彼，理有固然，无足怪者。能食淡饭者，方许尝异味，能溷（混乱）市嚣者，方许游名山，能受折磨者，方许处功名。

非真空不宜谈禅，非真旷不宜谈酒。雨窗作画，笔端便染烟云；雪夜哦诗，纸上如洒冰霰。是谓善得天趣。凶年闻爆竹，愁眼见灯花，客途得家书，病后友人邀听弹琴，俱可破涕为笑。

观门径可以知品，观轩馆可以知学，观位置可以知经济，观花卉可以知旨趣，观楹帖可以知吐属，观图画可以知胸次，观童仆可以知器宇，访友不待亲接言笑也。余亦有三恨，一恨山僧多俗，二恨盛暑多蝇，三恨时文多套。

蝶使之俊，蜂使之雅，露使之艳，月使之温，庭中花斡旋造化者也。使名士增情，使美人增态，使香炉茗碗增奇光，使图画书籍增活色，室中花附益造化者也。无风雨不知花之可惜，故风雨者，真惜花者也；无患难不知才之可爱，故患难者，真爱才者也。风雨不能因惜花而止，患难不能因爱才而止。

琴不可不学，能平才士之骄矜；剑不可不学，能化书生之懦怯。美味以大嚼尽之，奇境以粗游了之，深情以浅语传之，良辰以酒食度之，富贵以骄奢处之，俱失造化本怀。

楼之收远景者，宜游观不宜居住；室之无重门者，便启闭不便储藏；庭广则爽，冬累于风；树密则幽，夏累于蝉；水近可以涤暑，蚊集中宵；屋小可以御寒，客窘炎午。君子观居身无两全，知处境无两得。

忧时勿纵酒，怒时勿作札（书信）。不静坐，不知忙之耗神者速，不泛应，不知闲之养神者真。笔苍者学为古，笔隽者学为词，笔丽者学为赋，笔肆者学为文。读古碑宜迟，迟则古藻徐呈；读古画宜速，速则古香顿溢；读古诗宜先迟后速，古韵以抑而后扬；读古文宜先速后迟，古气以挹而后永。

物随息生，故数息可以致寿；物随气灭，故任气可以致夭。欲长生，只在呼吸求之；欲长乐，只在和平求之。雪之妙，在能积，云之妙，在不留，月之妙，在有圆有缺。为雪朱阑，为花粉墙，为鸟疏枝，为鱼广池，为素心开三径。

筑园必因石，筑楼必因树，筑榭必因池，筑室必因花。梅绕平台，竹藏幽院，柳护朱楼，海棠依阁，木犀（桂花）匝庭，牡丹对书斋，藤花蔽绣闼，绣毬傍亭，绯桃照池，香草漫山，梧桐覆井，酴醾隐竹屏，秋色倚栏杆，百合仰拳石，秋萝亚（压）曲阶，芭蕉障文窗，蔷薇窥疏帘，合欢俯锦帏，柽（柽柳）花媚纱槅。

花底填词，香边制曲，醉后作草，狂来放歌，是谓遣笔四称。谈禅不是好佛，只以空我天怀；谈玄不是羡老（老庄），只以贞我内养。路之奇者，入不宜深，深则来踪易失；山之奇者，入不宜浅，浅则异境不呈。

　　木以动折，金以动缺，火以动焚，水以动溺，惟土宜动。然而思虑伤脾，燔炙生冷皆伤胃，则动中仍须静耳。习静觉日长，逐忙觉日短，读书觉日可惜。少年处不得顺境，老年处不得逆境，中年处不得闲境。

　　素食则气不浊，独宿则神不浊，默坐则心不浊，读书则口不浊。空山瀑走，绝壑松鸣，是有琴意；危楼雁度，孤艇风来，是有笛意；幽涧花落，疏林鸟坠，是有筑意；书帘波漾，平台月横，是有箫意；清溪絮扑，丛竹雪洒，是有筝意；芭蕉雨粗，莲花漏续，是有鼓意；碧瓯茶沸，绿沼鱼行，是有阮（乐器）意；玉虫（灯花）妥烛，金莺坐枝，是有歌意。

　　琴医心，花医肝，香医脾，石医肾，泉医肺，剑医胆。对酒不能歌，盲于口；登高不能赋，盲于笔；古碑不能模，盲于手；名山水不能游，盲于足；奇才不能交，盲于胸；庸众不能容，盲于腹；危词（直言）不能受，盲于耳；心香不能嗅，盲于鼻。

静一分，慧一分；忙一分，愦一分。至人无梦，下愚亦无梦，然而文王梦熊，郑人梦鹿。圣人无泪，强悍亦无泪，然而孔子泣麟，项王泣骓。感逝酸鼻，感恩酸心，感情酸手足。水仙以玛瑙为根，翡翠为叶，白玉为花，琥珀为心，而又以西子（西施）为色，以合德（赵合德）为香，以飞燕（赵飞燕）为态，以宓妃（洛神）为名，花中无第二品矣。

小园玩景，各有所宜。风宜环松杰阁，雨宜俯涧轩窗，月宜临水平台，雪宜半山楼槛，花宜曲廊洞房，烟宜绕竹孤亭，初日宜峰顶飞楼，晚霞宜池边小彴。雷者天之盛怒，宜危坐佛龛。雾者天之肃气，宜屏居邃阁。

富贵作牢骚语，其人必有隐忧；贫贱作意气语，其人必有异能。高柳宜蝉，低花宜蝶，曲径宜竹，浅滩宜芦，此天与人之善顺物理，而不忍颠倒之者也；胜境属僧，奇境属商，别院属美人，穷途属名士，此天与人之善逆物理，而必欲颠倒之者也。

名山镇俗，止水涤妄，僧舍避烦，莲花证趣。星象要按星实测，拘不得成图；河道要按河实浚，拘不得成说；民情要按民实求，拘不得成法；药性要按药实咀，拘不得成方。

奇山大水，笑之境也；霜晨月夕，笑之时也；浊酒清琴，笑之资也；闲僧侠客，笑之侣也；抑郁磊落，笑之胸也；长歌中令，笑之宣也；鹃叫猿啼，笑之和也；棕鞋桐帽（粗俗的打扮），笑之人也。

医花十剂：壅以补之，水以润之，露以和之，摘以宣之，火以泄之，日以涩之，雨以滑之，风以燥之，祛蠹以养之，纱笼纸帐以护之。臞（消瘦）字不能尽梅，淡字不能尽梨，韵字不能尽水仙，艳字不能尽海棠。

樱桃以红胜，金柑以黄胜，梅子以翠胜，葡萄以紫胜，此果之艳于花者也；银杏之黄，乌柏之红，古柏之苍，莨竿（幼竹）之绿，此叶之艳于花者也。脂粉长丑，锦绣长俗，金珠长悍。

雨生绿荫，风生绿情，露生绿精。村树宜诗，山树宜画，园树宜词。抟土成金，无不满之欲；画笔成人，无不偿之愿；缩地成胜，无不扩之胸；感香成梦，无不证之因。鸟宣情声，花写情态，香传情韵，山水开情窟，天地辟情源。

将营精舍，先种梅，将起画楼，先种柳。词章满壁，所嗜不同；花卉满圃，所指不同；粉黛满座，所视不同。爱则知可憎，憎则知可怜。云何出尘？闭户是。云何享福？读书是。厚施与，即是备急难；俭婚嫁，自然无怨旷；教节省，胜于裕留贻。

利字从禾，利莫甚于禾，劝勤耕也；从刀，害莫甚于刀，戒贪得也。乍得勿与，乍失勿取，乍怒勿责，乍喜勿诺。素深沉，一事坦率便能贻误；素和平，一事愤激便足取祸。故接人不可以猝然改容，持己不可以偶尔改度。

有深谋者不轻言，有奇勇者不轻斗，有远志者不轻干进。孤洁以骇俗，不如和平以谐俗；啸傲以玩世，不如恭敬以陶世；高峻以拒物，不如宽厚以容物。冬室密，宜焚香；夏室敞，宜垂帘。焚香宜供梅，垂帘宜供兰。

楼无重檐，则蓄婴武（鹦鹉），池无杂影，则蓄鹭鸶。园有山始蓄鹿，水有藻始蓄鱼。蓄鹤则临沼围栏，蓄燕则沿梁承板，蓄狸奴（猫）则墩必装褥，蓄玉狮（狗）则户必垂花。微波菡萏（荷花）多蓄彩鸳，浅渚菰蒲，多蓄文蛤。蓄雉则镜悬不障，蓄兔则草长不除。得美人始蓄画眉，得侠客始蓄骏马。

任气语少一句，任足路让一步，任笔文检一番。以任怨为报德则真切，以罪己为劝人则沉痛。偏是市侩喜通文，偏是俗吏喜勒碑，偏是恶妪喜诵佛，偏是书生喜谈兵。真好色者必不淫，真爱色者必不滥。

侠士勿轻结，美人勿轻盟，恐其轻为我死也。宁受嚄蹴（轻视）之惠，勿受敬礼之恩。贫贱时少一攀援，他日少一掣肘；患难时少一请乞，他日少一疚心。舞弊之人能防弊，谋利之人能兴利。

善诈者借我疑，善欺者借我察。过施弗谢，自反必太倨；过求弗怒，自反必太卑。英雄割爱，奸雄割恩。天地自然之利，私之则争；天地自然之害，治之无益。汉魏诗象春，唐诗象夏，宋元诗象秋，有明诗象冬。包含四时，生化万物，其国初诸老之诗乎？

鬼谷子方可游说，庄子方可诙谐，屈子（屈原）方可牢骚，董子（董仲舒）方可议论。唐人之诗多类名花，少陵（杜甫）似春兰，幽芳独秀；摩诘（王维）似秋菊，冷艳独高；青莲（李白）似绿萼梅，仙风驰荡；玉谿（李商隐）似红萼梅，绮思婥娟；韦柳（韦应物、柳宗元）似海红，古媚在骨；沈宋（沈佺期、宋之问）似紫薇，矜贵有情；昌黎（韩愈）似丹桂，天葩洒落；香山（白居易）似芙蕖，慧相清奇；冬郎（韩偓）似铁梗垂丝；阆仙（贾岛）似檀心磬口；长吉（李贺）似优钵昙，彩云拥护；飞卿（温庭筠）似曼陀罗，琼月玲珑。

跋

　　余重刊《幽梦影》既藏，吴门潘椒坡明府，远自临湘任所寄示以《幽梦续影》，谓为镇洋朱撷筠大令所著，其弟伯寅尚书所刊，曷不并入，以成合璧。余受而读之，觉词句隽永，与前书颉颃，一新耳目。爰体明府之意趣，付手民。愿与阅是书者，共探其奥而索其旨焉。

　　　　　　　光绪七年季春月仁和葛元煦理斋识